U0162598

国防科技图书出版基金

超宽带雷达
人体行为识别深度学习方法

Deep Learning Methods for
Human Activity Recognition with
Ultra-wideband Radars

金添 杜浩 何元 著

国防工业出版社
·北京·

图书在版编目(CIP)数据

超宽带雷达人体行为识别深度学习方法/金添,杜浩,何元著 . 一北京:国防工业出版社,2023.6
ISBN 978 - 7 - 118 - 12944 - 1

Ⅰ.①超… Ⅱ.①金… ②杜… ③何… Ⅲ.①超宽带雷达 - 人体 - 行为分析 Ⅳ.①TN95

中国国家版本馆 CIP 数据核字(2023)第 087304 号

※

国防工業出版社出版发行

(北京市海淀区紫竹院南路23号 邮政编码100048)
北京龙世杰印刷有限公司印刷
新华书店经售

*

开本 710×1000 1/16 印张 12 字数 198 千字
2023 年 6 月第 1 版第 1 次印刷 印数 1—2000 册 定价 158.00 元

(本书如有印装错误,我社负责调换)

国防书店:(010)88540777 书店传真:(010)88540776
发行业务:(010)88540717 发行传真:(010)88540762

致 读 者

本书由中央军委装备发展部**国防科技图书出版基金**资助出版。

为了促进国防科技和武器装备发展,加强社会主义物质文明和精神文明建设,培养优秀科技人才,确保国防科技优秀图书的出版,原国防科工委于1988年初决定每年拨出专款,设立国防科技图书出版基金,成立评审委员会,扶持、审定出版国防科技优秀图书。这是一项具有深远意义的创举。

国防科技图书出版基金资助的对象是:

1. 在国防科学技术领域中,学术水平高,内容有创见,在学科上居领先地位的基础科学理论图书;在工程技术理论方面有突破的应用科学专著。

2. 学术思想新颖,内容具体、实用,对国防科技和武器装备发展具有较大推动作用的专著;密切结合国防现代化和武器装备现代化需要的高新技术内容的专著。

3. 有重要发展前景和有重大开拓使用价值,密切结合国防现代化和武器装备现代化需要的新工艺、新材料内容的专著。

4. 填补目前我国科技领域空白并具有军事应用前景的薄弱学科和边缘学科的科技图书。

国防科技图书出版基金评审委员会在中央军委装备发展部的领导下开展工作,负责掌握出版基金的使用方向,评审受理的图书选题,决定资助的图书选题和资助金额,以及决定中断或取消资助等。经评审给予资助的图书,由国防工业出版社出版发行。

国防科技和武器装备发展已经取得了举世瞩目的成就,国防科技图书承担着记载和弘扬这些成就,积累和传播科技知识的使命。开展好评审工作,使有限的基金发挥出巨大的效能,需要不断摸索、认真总结和及时改进,更需要国防科技和武器装备建设战线广大科技工作者、专家、教授,以及社会各界朋友的热情支持。

让我们携起手来,为祖国昌盛、科技腾飞、出版繁荣而共同奋斗!

国防科技图书出版基金

评审委员会

人体行为识别技术在安防监控、反恐维稳、灾难救援、智能家居、虚拟现实等方面有着广阔的应用价值。雷达作为一种通过发射和接收电磁波来进行感知的主动探测系统，可全天时、全天候获取远距离目标信息，具有光电传感难以比拟的独特优势。其中，超宽带雷达具有很强的介质穿透能力，在探测障碍物后隐蔽目标方面有独特优势。相较于光学手段，超宽带雷达探测用于人体行为识别，不仅可解决复杂环境下的感知难题，还具有保护隐私等优势。

我在国防科技大学工作期间，见证了本书作者在超宽带雷达成像与目标识别方面开展的大量极富创新且卓有成效的工作。本书是他们将基于超宽带雷达技术用于人体行为识别领域研究工作的系统总结，针对当前超宽带雷达数据集不足、数据表征不充分、人体目标全向识别困难等问题进行了深入研究，提出了基于迁移学习的行为分类、基于三维点云表征的行为识别和多任务行为分类及身份识别等方法，开展了大量且有趣的实验，获得了丰富的实验数据，进行了充分的分析验证，证实了他们所提方法的有效性。

本书聚焦前沿科学问题，内容创新性强，理论和实际并重，对于超宽带雷达技术和人体行为识别技术的研究具有十分重要的参考价值和推动作用。

王雪松

　　人体行为的感知与理解,是智能人体目标探测的重要环节,在应急处突、反恐维稳、智能家居等诸多领域具有广泛的应用价值。多样化的任务对行为感知的准确性、实时性、鲁棒性等提出了更加苛刻的要求。一种行之有效的解决方式是引入雷达等非光学探测手段,借助电磁波独特的物理属性以应对无光、遮蔽、非视距等常规意义下的复杂任务环境。在雷达人体行为感知领域,机器学习等统计分析方法与经典信号处理技术不断加速融合,有效地推动了雷达系统的智能化和生物特征识别的多模态发展。其中,深度学习技术作为机器学习的一个分支,它拓展了经典模式识别算法的技术思路,实现了从"原始数据端"到"结果输出端"的映射,力图寻求整体任务的全局最优解。但是,常规深度学习方法具有大数据依赖性和计算复杂性,需满足数据分布特性不随环境改变的前提条件。相关方法若想在具体应用领域获得出色性能,也离不开领域知识的理解与融会。深度学习在超宽带雷达领域的具体研究仍面临许多挑战。

　　本书围绕超宽带雷达人体行为辨识这一具体问题,将深度学习模型与领域知识相结合,通过异构领域迁移与特征工程设计,重点针对训练样本有限条件下的单通道超宽带雷达人体行为辨识问题展开研究,研究内容由闭集分类向开集识别进行拓展,并基于行为识别结果对人体位姿的三维估计进行初步探索,从而为超宽带雷达的人体行为精准感知与多模态融合的生物特征分析提供基础。全书共6章,具体内容和章节安排如下。

　　第1章是绪论,围绕雷达人体行为感知和资源受限(包括数据资源有限、计算资源受限、样本种类不完备)条件下的深度学习技术两个主题进行总结和梳理,明确超宽带雷达人体行为辨识中有待解决的问题,对本书的研究工作进行整体概括。

　　第2章主要针对雷达训练数据集有限的问题进行讲解,介绍基于稀疏迁移的有监督行为分类算法。该章首先根据卷积神经网络的结构特点,对网络模型的冗余性和可迁移性进行分析;然后以光学图像为辅助数据域,结合光学图像与微多普勒时频谱的数据差异性,进行稀疏约束下的网络迁移,有效降低了模型的大数据集依赖性和计算复杂性。

第3章针对雷达训练数据标注信息缺乏的问题展开论述,研究基于对抗迁移的无监督行为分类算法。该章首先针对多种类型的动作捕捉传感器分别建立人体运动散射回波模型,构建源领域数据集;然后针对仿真数据与系统实测的差异性,设计基于对抗网络的特征迁移算法,提高了不同信噪比和杂波分布条件下人体行为的识别感知能力。

第4章针对超宽带雷达回波特征表征方式较为单一,算法模型与系统特性欠匹配的问题,设计基于距离－速度－时间三维点云的行为表征和识别算法。该章首先针对单通道超宽带雷达系统特点,建立距离－速度－时间三维点云模型对人体微动进行表征;然后基于点云数据的空间排布特点设计深度点云网络,用于行为分类;最后通过引入数据扰动,构建开集框架下的行为识别算法,提升了点云网络对于异常样本的检测性能。

第5章针对一维雷达人体行为识别中识别器性能受运动方向影响的问题,定义分类器的角度敏感性,重点研究一维雷达的人体运动全向识别。该章首先分析当人体沿不同方向运动时,分类器效果下降的原因,并明确在全向环境下评估分类器性能的标准。然后,针对全向识别效果下降的问题,设计一种新的卷积神经网络模型,用于人体行为识别。最后。利用当前模型建立多角度分类器和单角度分类器,实现了一维雷达在全向条件下的人体行为识别。

第6章主要研究一种基于人体行为微多普勒特征的联合识别方法,同时完成行为识别和身份识别双重任务。该方法相比于采用两个不同模型分别实现单个任务的方法,既能保证单一任务的识别效果又降低了模型计算量。该章首先介绍一种基于雷达微多普勒特征的多任务神经网络 MRA－Net,用于联合行为分类和身份识别;其次探讨行为分类和人物识别之间的相关性,利用多任务学习机制在两个任务之间共享计算;最后详细阐述一种用于多任务分类的细粒度损失权重学习机制,代替了传统的贪婪搜索算法。

本书第1章由金添撰著,第2章～第4章由杜浩、金添撰著,第5章和第6章由何元、金添撰著。全书由金添筹划、指导并统稿。

本书部分研究工作是在国家自然科学基金(61971430、62271064、61901049)等资助下进行的。在写作过程中,东南大学李新羽博士、天津大学杨阳博士等为本书第5章和第6章的撰著提供了大量素材,在此向他们表示诚挚的谢意。

迄今为止,超宽带雷达人体识别技术仍在不断发展,本书试图通过总结我们前期研究工作,系统论述超宽带人体识别的原理、算法和信息处理技术。由于作者水平有限,疏漏之处在所难免,敬请广大读者批评指正。

目 录

第3章 基于对抗迁移的无监督行为分类

第4章 基于距离–速度–时间三维点云的行为表征和识别

第5章　单基地雷达全向人体行为识别

第6章　多任务人体行为分类及身份识别

CONTENTS

Chapter 1   Introduction

Chapter 2   Supervised HAR Based on Sparse Transfer

Chapter 5　Omnidirectional HAR with Monostatic Radar

Chapter 6　Multitask Human Activity Recognition and Person Identification

第1章

绪 论

1.1 概述

　　行为是人们意图最直接的表现形式,对人体行为的感知与理解,构成了人体目标探测的核心环节。近年来,动作分类[1]、步态识别[2]、异常检测[3]等行为辨识技术发展迅速,以可见光、结构光等视觉感知技术为代表的探测手段在反恐维稳[4]、场景监控[5]、智能家居[6]、应急救援[7]等应用领域日益受到关注。多样性的任务对感知能力提出了更为苛刻的要求,如何提高行为探测识别的准确率,进一步降低环境依赖程度,如何有效应对遮蔽、无光等复杂环境,进一步推进探测极限是人体行为辨识的关键问题。

　　以电磁波为信息载体的雷达系统,是一种与光学系统技术相异、信息互补的主动探测方式,可用于人体行为的感知与理解[8]。电磁波中蕴含的时、频、相等特征信息反映了目标的散射特性和运动状态,在技术原理上消解了无光、遮蔽、非视距等常规意义上复杂环境所带来的检测难题[9]。相较于常规窄带微波系统,超宽带雷达[10]具有更高的距离分辨率,距离分辨单元小于目标物理尺寸,使得目标局部特征得以呈现;较宽的电磁波频率覆盖范围,能够有效地降低目标处于反射截面积衰落区的可能性,从而获取更加丰富的目标散射信息和频率响应特性;通过采用大波束角进行天线设计,雷达系统能够有效避免运动目标的跨波束走动,有利于回波信号的相参积累和多普勒信息的检测提取。上述特性为超宽带雷达人体目标检测和行为感知提供了良好的系统条件。

　　超宽带雷达人体行为辨识,主要研究如何依据人体的电磁散射回波进行动作行为的分析与识别,其本质是求解电磁数据与人体行为的映射关系,是机器学习在雷达信号处理领域的具体实践。随着智能时代的日益临近,以深度学习[11]

为代表的机器学习等统计推断方法发展迅速,在计算机视觉等诸多研究中取得了突破进展,引发了相关领域的关注与思考。

从信号处理的角度看深度学习,深度神经网络实际上是多层级的滤波器组,滤波器权值是基于大量训练样本习得的最优值。输入信息在神经网路中的处理过程即是逐层的滤波过程,最终仅保留与任务关联性最大的信息。深度学习的显著特点是特征提取和识别过程的一体化,仅需输入原始信息(如图像、视频、文本等)即可滤波得到任务所需的输出,实现了从输入数据端到任务需求端的端到端学习。该技术适用于难以形式化描述或基于人类经验的直觉性任务,实际中的性能超越了基于人工特征设计与分类识别的技术路线,并且具有更好的泛化能力和可复用性。回顾深度学习的发展历程,相关技术的飞速发展得益于数据采集与存储成本的显著降低,高性能计算设备也为大数据集下复杂模型的优化提供了算力支持。但是,整个模型的权值优化需要大量的训练数据作为支撑,输入与输出之间的映射复杂度也决定了学习过程的难易程度。

雷达人体行为辨识有别于基于光学图像的相关研究:一方面,公开的数据集缺乏,不同参数性能的雷达数据集难以直接共享共用,人体行为辨识面临的是有限样本集的学习;另一方面,雷达探测有别于光学系统的小孔成像,原始观测数据不是所见即所得的图像信息,而是基于波场效应的散射积累信息,基于深度学习的雷达数据辨识需要与领域知识进一步结合。实际上,基于深度学习的超宽带雷达人体行为研究中存在的挑战亦是当前人工智能技术的研究热点。端到端的自动学习过程并不意味着可以轻松实现对完全任意数据的拟合,从相关任务的类比中进行领域迁移,从领域知识的归纳中设计特征工程,提高对数据特征的理解和分析能力,是采用深度学习等机器学习方法解决实际问题的重要途径。

本书将围绕超宽带雷达人体行为辨识这一具体问题,将深度学习模型与领域知识相结合,通过异构领域迁移与特征工程设计,重点针对训练样本有限条件下的单通道超宽带雷达人体行为辨识问题展开研究,研究内容由闭集分类向开集识别进行拓展,并基于行为识别结果对人体位姿的三维估计进行初步探索,从而为超宽带雷达的人体行为精准感知与多模态融合的生物特征分析提供基础。

1.2 雷达人体行为识别技术发展现状

基于深度学习的超宽带雷达人体行为分析,面临着训练数据集规模有限、实时处理计算资源受限、部署环境目标种类复杂等实际问题。相关问题的解决需要从雷达信息处理和深度学习算法设计两方面开展研究,本节将对雷达人体目标感知和小样本条件下的深度学习研究现状进行总结,梳理当前研究中的发展趋势与问题挑战。

1.2.1 雷达人体目标感知技术

雷达是一种通过收发电磁波进行检测和定位的主动探测系统。自从 20 世纪 30 年代问世以来,雷达的体制系统不断丰富,应用场景不断拓展。雷达可探测的目标种类已从最初的飞机、舰船等大型刚体目标延伸至人体[12]、昆虫[13]等小散射截面积的非刚体目标,并已广泛应用于运动目标的全天候全天时探测和跟踪。随着射频技术和集成电路的更新迭代,雷达系统的有效带宽不断拓展,数据采集率进一步提升,可获取的目标散射信息进一步丰富,雷达系统的职能也从最初的检测定位发展到目标识别与特征分析,在包括人体行为感知在内的诸多领域逐步应用。在不同体制的人体行为感知系统中,雷达具有隐私保护性强、对光照无依赖、对障碍物遮挡具有一定穿透能力等独特优势,受到国内外研究机构的广泛关注。总体来看,雷达人体行为感知的研究可以分为基于空间位置成像与基于微动特征分析两种主要技术途径,下面分别进行介绍。

·········· 1.2.1.1 基于空间位置的人体感知 ··········

由雷达系统的信号带宽(记作 B)与目标距离分辨率(记作 ΔR)的对应关系($\Delta R = C/2B$)可知,雷达频带越宽,距离分辨率越精细。当其距离分辨单元小于目标物理尺寸时,可以对目标局部特征进行分辨,对目标散射信息进行精细化分析。根据目标的空间位置自由度,相关研究工作可以划分为一维(径向距离)信息感知、二维(距离 – 方位)信息感知和三维(距离 – 方位 – 高度)信息感知。不同维度的感知技术均需要对目标各组成部分的散射信息进行分析、处理,形成静态、动态特征,最终在相应观测空间上对目标进行检测辨识。

（1）一维（径向距离）信息感知。若雷达收发系统不能提供方位向的分辨能力，则目标的结构细节和散射信息将会投射到雷达与目标所在方向（即径向），形成目标的一维高分辨距离图像。起初，一维高分辨距离图像的研究主要集中在对空中、海面刚体目标的检测分析。其中，台湾大学 Hsueh－Jyh Li[14]、澳大利亚传感器信号与信息研究中心 A. Zyweck[15]等研究人员较早对飞机等典型目标的一维高分辨距离图像识别问题进行了研究，提出了目标识别的处理框架，并对其中涉及的信息预处理、分类器设计等环节进行了针对性的设计。对于目标特征分析的研究，研究人员主要关注的是径向探测中存在的方位敏感性、平移敏感性、强度敏感性等问题。

近年来，人体目标一维高分辨距离图像的研究日益受到重视，借助于目标距离信息和模式识别算法，取得了包括人群数量估计、目标精确定位、人体行为估计和手势识别等一系列研究成果。韩国汉阳大学 Jeong Woo Choi 等[16]针对多人场景中的人数估计问题，设计了基于匹配识别的人数估计算法。不同于根据回波峰值进行计数的常规方法，Jeong 将不同人数存在的场景回波作为信号模板，将多目标检测问题转换为了不同模板的匹配识别问题，从而可以对多径效应强烈的电梯等场景实现较为精确的人数估计（图 1.1）。美国维拉诺瓦大学

(a) 电梯场景实验设置(内部视图一)

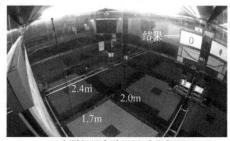

(b) 电梯场景实验设置(内部视图二)

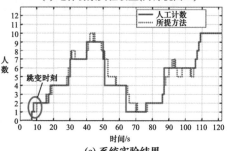

(c) 系统实验结果

图 1.1　单通道雷达人群数量检测系统[16]

Pawan Setlur 等借助超宽带系统的高距离分辨能力将人体与墙体的多径回波进行精确分离,借助多径与回波的时延差,采用交叉定位算法实现了基于单通道传感器的室内人员平面位置估计[17]。麻省理工学院 Fadel Adib 等研究人员采用工作在 WiFi 频段的电磁波进行目标的观测定位[18],通过对运动人体进行 ISAR (Inverse Synthetic Aperture Radar)成像处理,实现了墙后的人数判读。后续研究中,Fadel Adib 等将天线系统调整为一发双收,通过三圆交叉定位算法[19]实现了人体目标的三维动态跟踪,并且能够对举手、放手等人体动作进行检测(图1.2)。北京邮电大学何元等采用双向长短时记忆神经网络对 6 类人体行为的一维高分辨距离图像进行了有效识别[20],并对最优观测时长的选取问题进行了分析。

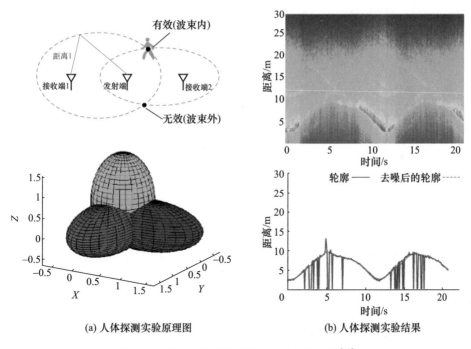

(a) 人体探测实验原理图 (b) 人体探测实验结果

图1.2 基于一发双收系统的人体目标探测[19]

(2)二维(距离-方位)信息感知。得益于多通道收发系统在方位向的分辨率,原本在一维系统中混叠的目标散射回波可以在方位向进行有效区分,一维成像中面临的方位敏感性、平移敏感性、强度敏感性等问题由此得到解决。日本京都大学 Takuya Sakamoto 等采用一发多收天线的超宽带雷达系统对人体行为和运动轨迹进行了估计[21],检测性能优于单发单收系统的处理算法。由于低频电磁波具有良好的介质穿透性,二维人体目标检测的一个重要研究方向是墙后人体目标成像。目前已知的最早二维穿墙人体目标感知系统是美国 AKELA 公司设计的 MIMO 穿墙雷达系统[22],通过收发通道的排列组合可以等效获取 12 通道目标回波,实现对目标的相干积累成像。国防科技大学陆必应等研究人员对各类墙体杂波抑制算法和目标栅旁瓣(即目标附近出现的虚假目标)抑制技术进行了系统研究[23]。电子科技大学[24]、南京理工大学[25]、桂林电子科技大学[26]等国内研究机构均对墙后人体目标检测与成像开展了广泛研究。综合已有研究,人体目标的二维成像系统由于缺乏高度信息,无法对人体的肢体轮廓等信息进行获取处理,因此,研究重点主要是目标增强和杂波抑制技术,目的是进一步提高目标的空间定位精度和多目标场景下的强弱目标检测能力。维拉诺瓦大学 Qian Jiang 针对运动人体目标的检测问题,提出了系数重构字典的二维成像算法[27],该方法假定匀速直线运动是人体的基本运动状态,并在此基础上进一步引入速度、通道、频率、位置等四维度六变量的字典元素,用以提高运动目标的成像精度。值得注意的是,大多数研究人员所采用的人体目标运动模型与刚体目标运动模型并无本质区别,通常将人体看作是慢速运动目标,并通过匀速、匀加速、变加速等候选状态集进行运动状态的微调,并未考虑人体目标的心理、生理因素。已有研究表明,人在面对墙体等障碍物时会习惯性地与其保持一定的安全距离[28],多人运动过程中也会出现伴随、尾随等特殊现象,而不同方向的运动人员在交汇时会呈现类似空气动力学中的粒子运动特性,这些现象已经引起了机器视觉、公共安全等领域研究人员的重视。

(3)三维(距离–方位–高度)信息感知。三维雷达系统的天线收发单元进一步扩增,可以获取目标的高度信息,对人体的肢体轮廓进行描绘。例如,代尔夫特理工大学 A. G. Yarovoy 等研究人员[29]采用平面天线阵和图像合成孔径算法对真实尺寸的人体模型进行了实验测量,对算法可行性进行了有效验证。印度德里信息研究中心(IIIT – Delhi)Shobha Sundar Ram 采用多普勒域杂波抑制和压缩感知成像算法进一步提升了人体成像算法性能[30]。北京大学李廉林研究团队将电磁逆散射和可编程超材料技术成功应用于目标成像[31],实现了超瑞利极限的人体目标高精度成像。电子科技大学孔令讲、崔国龙等研究人员[32]对 1～2GHz 频段的低频雷达系统人体目标成像能力进行了探究,采用大型天线面阵的收发系统设计和后向投影处理算法,获取了墙后人体目标的大致轮廓。2018 年,麻省理工学院计算科学和人工智能实验室(CSAIL)采用工作于 WiFi 频段的电磁波信号,通过 T 字形收发系统和"师生监督网络"算法[33],实现了墙后人体目标的方位 – 高度维姿态精确估计,对人体的重要关节点进行了检测定位。由于电磁波天然的隐私保护性和障碍穿透性,该系统在复杂场景下的检测性能显著优于光学系统的有关技术,引起了计算机视觉领域研究人员的关注。该雷达系统是对其 2015 年研究工作"RF – Capture"[34]的延伸,其成像处理思路可以追溯到 2013 年 Martin Safarik 等的研究[35],这两种方法都是通过慢时间上多脉冲回波的轨迹对齐、散射点校准等方式提高三维成像精度。然而,由于最新的系统采用了深度神经网络将雷达图像与相同场景下的光学图像进行映射学习,系统能力范围得到大幅提升,实现了人体关节点位置的精确估计。2019 年,CSAIL 实验室 Tianhong Li 等将已有系统进一步升级,提出了名为"RF – Action"的雷达成像、三维关节点估计、行为识别一体化处理算法[36],分别在遮挡、无光等条件下对单人、多人场景进行了实验验证(图 1.3)。国防科技大学金添课题组戴永鹏、赵帝植等[37]采用解卷积、深度神经网络等方法进行雷达图像

图 1.3 "RF – Action"实验效果[36]

的栅旁瓣抑制和主瓣锐化,实现了三维人体雷达图像增强。综合上述研究可以发现,雷达信号处理算法与深度学习等机器学习技术的融合,可以有效拓展雷达系统的功能。

1.2.1.2 基于微动特征的人体感知

微动是指目标各组成部分相对于目标整体的摆动、转动、振动等相对运动。对于人体目标,人体头部、手臂、腿部、手、脚等肢体在运动过程中具有相对于人体躯干的独特运动特性,这些肢体的相对运动即为人体微动。雷达回波中携带的微动信息表现为附着于多普勒频率上的额外频率调制——微多普勒效应。这一概念最早由美国海军研究实验室 Victor C. Chen 引入雷达研究领域[38],在运动目标的识别中发挥重要作用。基于微动特征的人体感知研究可以分为人体微动建模研究、微动特征分析技术研究、微动特征识别算法研究以及微动特征提取和识别的一体化研究,下面分别对其发展与现状进行梳理。

(1)人体微动建模研究。对人体微动进行数学建模可以精确探究各肢体的运动特性以及肢体之间的协同配合。瑞士联邦理工学院 Ronan Boulic 等基于大量实验数据的分析和拟合,提出了人体行走的参数化运动模型[39]。该模型对人体各肢体的时序运动特性建立了时间函数表达式,对各个时刻肢体的三维空间位置和运动方向进行了求解。Boulic 提出的模型依据 Denavit – Hartenberg 规则[40],建立身体各组成部分的相对坐标系,各组成部分之间的连接与变化根据连接角、偏移量、公共法线、公共法线夹角 4 个参数进行确定,行走运动过程共用12 类轨迹(包括平移和旋转)曲线分别进行近似。后续研究中,荷兰阿姆斯特丹大学 P. Van Drop 等对 Boulic 模型进行了优化改进[41](图 1.4),通过最小二乘法进一步减小了实测数据和仿真模型的差异,并且将可分析的运动类型扩充到快走和跑步等多种步速情景。但是,Ronan Boulic 和 P. Van Drop 提出的模型都是基于经验的参数化模型,是对特定动作的一般规律性描述,可分析的运动类型有限,并且无法体现个体间运动的差异性。

基于动作捕捉系统的非参数化建模仿真可以克服上述局限性。美国卡内基梅隆大学图像实验室[42]采用穿戴式的红外动作捕捉系统对人体 31 个关节点的实时运动信息进行采集,通过收集各关节的三维坐标和旋转角度进行人体运动模型的建立。虽然整套采集系统的成本高昂,但是可以获得大量基于个体的多

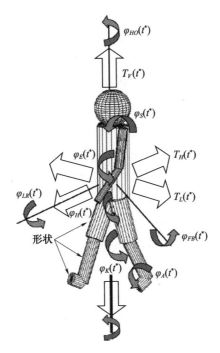

图 1.4 参数化人体椭球模型[41]

类型动作信息,对运动医学、计算机图形学、三维动画设计等多领域均具有较高
的研究价值。得克萨斯大学奥斯汀分校 S. S. Ram 等基于该动作捕捉数据库的
信息对遮挡条件下的人体目标微动特征进行了数学建模[43]。考虑到红外动作
捕捉系统高昂的成本,Baris Erol 等研究人员采用成本相对低廉的 Kinect 系统
进行人体仿真,虽然 Kinect 系统可以获取的关节点数目由 31 个减少到 20 个,
但是相应微动特征在微多普勒时频谱中并未表现出明显的差异[44]。以上讨
论的各种模型在进行雷达散射回波仿真时,通常均采用椭球体近似方法。该
方法将每个肢体等效为一个椭球体模型,通过计算椭球体的散射截面积得到
各个肢体的回波幅值,通过计算椭球体中心与雷达的距离变化得到回波的相位
信息。值得注意的是,常规的电磁散射仿真方法没有考虑人体各个肢体之间的
遮挡效应,与实际目标特性存在差异。因此,西安电子科技大学周峰、石晓然等
对肢体遮挡特性进行了分析,提出了基于物理光学的人体仿真模型电磁计算方
法[45],通过计算散射体表面感应电流的积分得到了更加精确的人体微动电磁散
射模型。

（2）微动特征分析技术研究。人体微动特征提取,通常需要把雷达回波转换为微多普勒时频分布图。时频分布图是一种时间和频率的密度函数,用于描绘回波信号中各频率分量的组成成分和时变特征。雷达回波的频率成分之所以随时间发生变化,是由于各肢体的运动速度、动作起止时间等存在差异性,通过时间积累产生了不同程度的多普勒效应。分析时频谱的频率分布特性可有效感知肢体的运动特性。广泛采用的时频分析方法是短时傅里叶变换,该方法采用高斯等形式的窗函数对回波信号进行分段抽取并作傅里叶变换,通过移动窗函数并重复抽取和变换步骤,得到短时傅里叶变换结果。与之相近的时频表示方法还有 Gabor 变换和小波变换,它们都属于线性时频表示,其基本思路都是将时域信号分解得到时频平面呈集中分布的基本函数加权和。另一类时频表示方法是 Cohen 类双线性时频分布,该类方法无需窗函数抽取操作,从而避免了线性时频表示过程中频率分辨率和时间分辨率相互牵制的问题,但也由于自相关处理引入了交叉项干扰。具体应用中,短时傅里叶变换由于良好的物理解释性和高效的计算效率,被众多研究人员采用;美国密苏里大学 Bo Yu Su 等采用小波变换对摔倒动作进行了微动分析[46];美国维拉诺瓦大学 Moeness Amin 研究团队采用 Cohen 类时频分布对正常行走、拄拐行走等不同步态进行了研究[47];国防科技大学张军博士对常用时频分析方法的微动特征处理效果和运算效率进行了对比分析[48]。

微多普勒时频图的特征提取有两种思路。第一种是设计与人体运动学参数相关的特征量,这类特征通常具有明确的物理意义。例如,得克萨斯大学奥斯汀分校 Kim 等在研究基于微多普勒特征的行为识别时,设计了 6 种与运动特征相关的特征量[49]（图 1.5）:躯干处多普勒频率、多普勒频移带宽、多普勒频率总偏移量、躯干处多普勒频移带宽、多普勒信号幅值的标准差、肢体运动周期。北京航空航天大学孙忠胜[50]及国防科技大学范崇祎和崔文等先后基于时频图估计人体的步速、步长、步频、身高等特征参数[51],用于人体行为的精确感知。第二种是借鉴图像分析思路,直接基于时频图的幅值统计特性进行特征提取。美国约翰·霍普金斯大学 Jiajin Lei 等[52]采用 Gabor 滤波器对时频谱进行滤波处理,再通过下采样和主成分分析手段,得到可以用于行为分类的特征量。英国格拉斯哥大学 Francesco Fioranelli 采用奇异值分解方法对时频谱进行处理,再通过统计分析得到可用于识别的特征量（均值、方差等）[53]。

土耳其 Mehmet Onur Padar 等[54]采用隐马尔可夫链综合分析时频谱相邻区域的时间相关性和瞬时特性,对模型输出结果进行主成分分析,作为行为分类的依据。

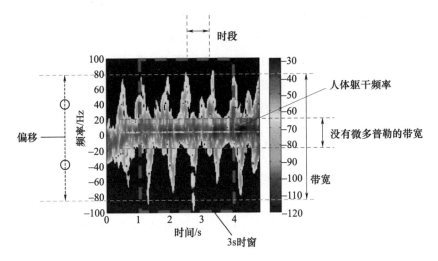

图1.5 基于人体运动特性设计的6种微多普勒谱特征[49]

（3）微动特征识别算法研究。微动特征识别算法通常采用监督学习方法,依据训练样本的特征数据和与之对应的动作类别确定不同样本的类别空间,然后根据测试样本的特征值预测所属的类别子空间。思路主要是沿用和借鉴机器学习中的分类器设计。较为典型的分类算法包括:以色列 Shahar Villeval 等采用的 K-近邻算法[55];美国得克萨斯大学 Youngwook Kim 等研究人员[49]采用结构树和支持向量机对步行、跑步、拄拐行走、爬行、原地挥拳、行进挥拳和坐下7类行为进行了分类识别;Francesco Fioranelli 等研究人员[56]采用集成分类模型对墙后人员是否手持器械进行了有效区分;澳大利亚伍伦贡大学的研究人员[57]采用二维线性判别分析对分类算法进行优化,用于不同行为的区分。

（4）微动特征提取和识别的一体化研究。近年来,基于深度学习的人体微动研究受到了广泛关注,该类方法的一个典型特点是特征设计、提取和分类识别的一体化。研究人员只需要提供一个层次化网络模型和学习代价函数,然后将大量训练数据直接输入网络模型,通过最小化代价函数确定模型的参数权值,由此即可获得一个可用于人体行为分类的基本网络,该模型内输入到输出的转换过程对应着传统方法中特征提取和分类识别的全过程。从中不难发现,特征的选择、设计、分类等工作都在网络模型设计这一个环节中实现了统一,避免了各局部最优解与全局最优解的差异性,简化了工作流程。下面从深度网络模型结构和网络权值优化方法两方面对当前工作进行梳理。

最先用于人体微动特征识别的深度学习模型是深度卷积神经网络,该方法在 2016 年由 Youngwook Kim 提出。在 Kim 的研究工作中,雷达回波数据首先变换为微多普勒谱图,然后直接送入三层卷积网络中进行训练和识别(图 1.6 (a)),由此获得了与人工设计的特征提取器和分类器相近的分类准确率[58]。后续研究中,层数更深的卷积神经网络如 VGG - 16、ResNet 等也被用于人体微动特征识别[59-60]。虽然 VGG - 16[61]、ResNet[62] 等是针对光学图像设计的分类网络,但是通过网络权值调整,同样可以用于雷达时频谱的分类,体现了深度卷积网络良好的泛化性能。自编码器[63] 是另一类可以用于微多普勒分析的深度神经网络,该网络结构是由编码器和解码器两个模块构成,两个模块都由全连接网络层层堆叠而成,主要区别是编码器的每个全连接层都是输出端神经元数目小于输入端,而解码器是输出端数目大于输入端。通过这种设计结构,微多普勒

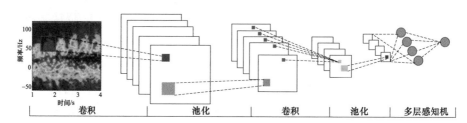

(a) 基于深度卷积网络的识别方法[58]

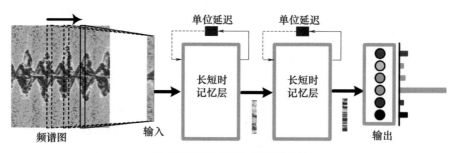

(b) 基于循环神经网络的识别方法[66]

图 1.6　基于深度神经网络的微动识别方法

时频谱的数据维度在编码器中不断压缩,实现了数据降维,而降维后的数据再输入解码器中不断扩增维度,最后得到与原始微多普勒时频谱维度一致的输出。令自编码器的输出与原始输入一致,可以使其中的编码器实现对微多普勒时频谱的特征压缩,由此等效为一个数据驱动的特征提取器。通过对该编码器后接分类器即可对微多普勒进行分类。为了提升编码和解码过程的计算效率,有研究人员将自编码器中的全连接层用卷积层进行了替换[64]。

实际上,卷积神经网络和自编码器都是图像处理领域提出的模型,在微动特征分析中,微多普勒时频谱被裁剪成固定时长的时间切片,每一个切片被看作一幅独立的图像送入网络中进行处理。为了更好地利用微动特征中隐含的时序信息,适合处理序列数据的循环神经网络也被引入雷达领域,进行微动特征的分析识别。美国约翰霍普金斯大学 Jeff Craley[65]采用长短时记忆网络(LSTM)对人体回波数据进行了分类识别,动作分类效果优于基于隐马尔可夫链模型[66]的识别精度。电子科技大学崔国龙课题组[67]采用叠加的循环神经网络进行人体行为分类,并基于实测数据对微多普勒的分类效果进行了验证。考虑到雷达人体回波中存在时频模糊、肢体遮挡和能量散射,雷达回波中携带的微动信息并非理想的时序数据,苏黎世联邦理工学院 Saiwen Wang 等研究人员[68]采用卷积神经网络和循环神经网络相结合的方式对雷达回波中的微动信息进行了分析处理。其与以往工作的另一个区别是:该神经网络不是采用微多普勒时频谱作为输入,而是将连续多帧的多普勒–距离图依序输入神经网络。为了实现对未知类别人体行为的识别,天津大学杨阳等研究人员设计了基于生成对抗网络的微多普勒识别算法[69],将生成对抗网络中用于判别数据源真假的鉴别器用作异常检测器,通过结合已有数据对生成对抗网络进行逐一训练,提高了识别系统对实际任务的适应能力。

设计合理的训练过程能使网络各组成单元的权值系数得到充分优化,是提高神经网络性能的关键环节。2006 年,Geoffrey Hinton、Yann LeCun 和 Yoshua Bengio 3 人发表文章[11],提出了逐层预训练的深度神经网络权值优化方式。此后,得益于 ImageNet 等大型数据集[70],深度神经网络的各层权值可以在随机梯度下降过程中进行统一优化。需要注意的是,目前雷达人体识别领域的数据库相对稀缺,训练数据集的规模性和代表性是制约网络性能发挥的重要因素。Youngwook Kim 课题组采用迁移训练的方式,将选定的网络模型首先在 ImageNet 等计算机视觉领域的数据集中进行预训练,然后再用雷达样本集进行微调[59],希望以此实现网络参数的充分寻优。此外,有研究人员采用自编码器结构,通过数据压缩和重构使网络权值得到额外训练[64],以提高有限训练数据条件下的人体行为分类准确率。Moeness Amin 课题组[71]采用三维人体仿真数据库作为预训练数据集,根据人体关节点信息建立人体散射模型,生成大量微动特征仿真数据,再用少量实测样本进行网络权值的微调。值得注意的是,2019 年英国格拉斯哥大学 Francesco Fioranelli 课题组将实际雷达系统录制的 6 类人体行为(行走、坐下、起立、拿起物品、喝水、摔倒)的回波数据集进行了公布[72],有望为人体微动特征的后续研究提供一个共享共用的数据样本库和性能测试平台。

1.2.2　基于深度学习的多维雷达信号行为识别方法

雷达回波信号中包括时间、距离和多普勒频率等信息,并且可以表示为不同维度的数据形式。如何针对不同维度的雷达回波数据设计深度学习算法,提取其中的时间、距离和多普勒频率信息,成为了人体行为雷达识别的重要研究问题。在本节中,我们根据雷达回波的维度,将现有的用于人体行为雷达识别的深度学习方法归纳如下。

通过距离 – 多普勒(RD)处理,雷达回波信号可转化为"时间 – 距离 – 多普勒频率"的三维数据形式。在"时间 – 距离 – 多普勒频率"三维雷达回波数据中,目标的不同部位可以在距离维度和多普勒频率维度上被区分开。与此同时,雷达信号也可以用二维形式进行表达,分别为时间 – 多普勒谱(图 1.7(a))、时间 – 距离谱(图 1.7(c))和距离 – 多普勒谱(图 1.7(d))。为了充分提取并利用不同形式的回波信号中的信息,深度学习方法的设计应该更加有针对性。接下来,将分别介绍基于三维、二维、一维雷达回波数据的深度学习方法。

1.2.2.1　三维雷达回波的深度学习方法

三维的"时间 – 距离 – 多普勒频率"信号由 N 个时间采样点的二维距离 – 多普勒频率谱构成,展现了雷达回波信号的时间和空间特性。与一维和二维的回波信号相比,三维的"时间 – 距离 – 多普勒频率"回波中包含了更多的人体行

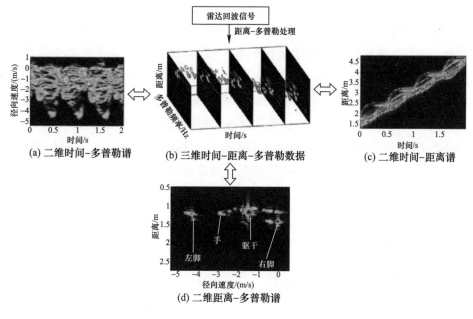

图 1.7　三维、二维、一维雷达回波

为信息。其中,距离和多普勒频率信息包含在每一个 RD 帧中,而时间信息存在于帧与帧之间。由于从三维回波中手工提取特征比较困难,对于基于三维回波的行为识别来说,深度学习是一种更加可行、更合理的方法,因为它能够自动从三维回波信号中提取深层语义特征。此外,图形处理单元(GPU)的出现使得深度学习模型能够快速高效地处理三维数据。虽然目前采用三维雷达回波进行人体行为识别的深度学习算法还比较少,但应用于三维回波的深度学习算法仍十分具有发展前景。

三维卷积神经网络(3D – CNN)是目前处理三维雷达数据最常用的模型之一。它将空间 CNN 扩展为空间 – 时间 CNN 模型,从而自动学习时空特征。Z. Zhang 等[73]提出了一种递归三维卷积神经网络模型,并用于 FMCW 雷达的连续动态手势识别。该方法使用 3D – CNN 提取连续时间 – 距离谱中的短时空间特征,然后使用长短期记忆网络(LSTM)进行全局的时间特征学习。实验表明,使用 3D – CNN 进行手势识别比使用传统的 2D – CNN 进行识别的识别准确率高约 5% 。这说明 3D – CNN 比 2D – CNN 能够更好地进行手势表征。虽然 3D – CNN 的输入是时间 – 距离谱,但是这种方法也适用于三维"时间 – 距离 – 多普勒频率"数据。

使用三维雷达回波进行人体行为识别的一个典型例子是谷歌 Soli,如图 1.8 所示。谷歌 Soli 是第一个基于近程 FMCW 雷达识别大量动态手势的手势识别系统[68]。它使用端到端训练的 CNN 和 LSTM 进行手势识别。通过将 CNN 与 LSTM 结合,增强对于时间跨度不同和空间分布不同的手势的识别能力。结果表明,使用三维"时间 – 距离 – 多普勒频率"数据的方法优于使用二维雷达数据的分类方法,而且端到端的"CNN + LSTM"模型相比于单一的 CNN 或 LSTM 模型更能充分挖掘雷达数据中的有用信息。随着谷歌 Soli 的出现,其他深度学习体系结构也在其基础上被提出[73]。

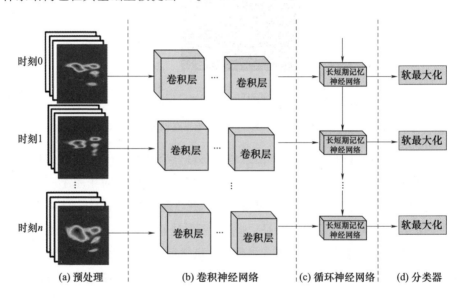

图 1.8 谷歌 Soli 的深度学习架构(由 CNN 和 LSTM 组成的混合模型)[68]

·━━━ **1.2.2.2 二维雷达回波的深度学习方法** ━━━·

三维人体后向散射回波包含着丰富的人类行为信息,但处理起来比较复杂。二维雷达回波,主要是时间 – 多普勒频率谱、时间 – 距离谱和距离 – 多普勒频率谱,也含有充足的人类行为信息。一般情况下,二维回波数据被视为图像处理,基于二维回波的行为识别常常被转化为一个图像分类任务。

(1)时间 – 多普勒频率谱(又称微多普勒频谱)(图 1.7(b))包含充分的

时变多普勒频率信息。这些微多普勒频率信息对于人体行为雷达识别具有重要作用。当人体目标移动时,主多普勒频率是由躯干引起的,而微多普勒频率则是由腿、脚和手等旋转或振动部位产生的。每个身体部位的活动范围和速度通常是不同的,如图 1.9 所示。当目标行为不同时,与这些活动相对应的时间 – 多普勒频率谱也不同。利用 STFT 和其他的时频分析方法对原始回波进行变换,即可得到时间 – 多普勒谱。使用一个简单的具有一个发射机和一个接收机的连续波雷达便可获得时间 – 多普勒频率谱,从而进行人体行为的识别。时间 – 多普勒频率谱是目前基于雷达的人体行为识别任务最常用的方法。

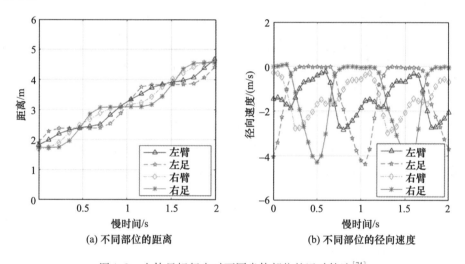

图 1.9　人体目标行走时不同身体部位的运动轨迹[74]

R. P. Trommel 等[75]采用一个 14 层的深度 CNN（DCNN）提取时间 – 多普勒频率谱中的多普勒频率信息,从而对人体步态进行分类。实验结果表明,即使在较低的信噪比水平下,DCNN 结构也能提取出有效的人体步态特征,其性能超过支持向量机和人工神经网络的性能。M. S. Seyfioglu 等[76]使用卷积自编码器（CAE）模型来区分 12 种室内人类活动,其中包括具有高度相似的微多普勒频率特征的辅助和非辅助人类运动。CAE 模型由 3 个卷积层和 3 个反卷积层组成。它能够学习到微多普勒姿态的细微差别,识别性能达到了 94.2% 。这种 HAR 行为识别方法展示了雷达在健康监测系统的应用潜力。文献[77]提出了一种基于 DCNN 和时间 – 多普勒频率谱的手势识别系统。模型由 3 个卷积层和一个全连接层构成。此外,该文章还研究了如何在不受控制的环境下有效地识别手势。结果表明,微多普勒频率特征随雷达角度和距离的变化而变化,模型在不同场景下的识别性能也不同。文献[78]提出了一种由级联卷积网络层组成的DCNN架构,利用时间 – 多普勒频率谱对人体行为进行分类。该模型采用高斯先验过程的贝叶斯优化方法对网络进行优化,如图1.10所示。实验结果表明,该方法的性能优于现有的3种基于特征的方法。

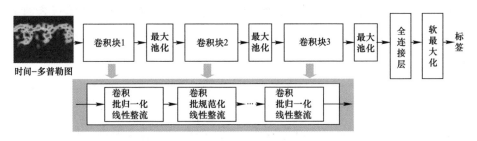

图 1.10　采用贝叶斯学习技术优化的级联 DCNN[78]

(2) 时间 – 距离谱是由多个时序脉冲组成(图1.7(c))。它包含目标和雷达之间的时变距离信息。当一个人在移动时,人体的不同部位与雷达的相对距离不同,如图1.9(a)所示。因此,虽然时间 – 距离谱忽略了多普勒频率信息,但人体时变距离信息仍可用于识别人体活动[78]。

在文献[79]中,时间 – 距离谱被用来检测协助生活(Assisted Living)中的摔倒动作。通过提供距离信息,"坐下"等类似摔倒的活动的虚警率显著降低。在文献[80]中,Y. Shao 等使用三层 DCNN 对 6 种人类运动进行分类,如行走、跑步和拳击等。结果表明,特别是当径向速度较小时,时间 – 距离谱相比于时间 – 多普勒谱具有更强的鲁棒性。除此之外,当雷达径向与人体运动方向之间的夹角增大时,由于距离信息不随信噪比变化,所以识别精度保持在一个稳定的值。

(3) 距离 – 多普勒频率谱(图1.7(d))显示了运动目标在特定时间的距离和多普勒信息。它具有分离运动人体的不同部位和精确定位目标的能力。此外,距离 – 多普勒谱能够同时跟踪多个目标,在多人行为识别中具有广阔的应用前景。P. Molchanov 等[81]利用带有 1 个 Tx 和 3 个 Rx 的短程单脉冲 FMCW 雷达来感知动态手势。使用源自 3 个不同天线的距离 – 多普勒谱估计出一个表示空间坐标和手的径向速度的四维向量。在此基础上,在文献[82]中,P. Molchanov 等将从 3 幅距离 – 多普勒谱中获得的四维向量与从深度图像中获得的掩模(Mask)相结合,然后将结合后的数据输入到 3D – CNN 中,以识别动态的汽车司机手势。在文献[83]中,B. Jokanovic 等对两个稀疏自编码器进行叠加,逐步从距离 – 多普勒频率谱中学习到稀疏表示,并使用 Softmax 层进行分类。在此基础上,文献[84]中,B. Jokanovic 等利用一个自编码器从距离 – 多普勒谱中提取特征,运用逻辑回归来识别摔倒/非摔倒动作。

(4)混合二维谱。到目前为止,大多数基于二维雷达回波的人体行为识别系统只使用了上述 3 种谱图中的一种。然而,一种谱图上容易区分的活动在另一种谱图上可能无法得到正确识别。为了解决这个问题,一些方法尝试使用多种二维谱图,从而减少识别虚警率。文献[85]中,B. Erol 等利用时间 – 多普勒频率谱、时间 – 距离谱和距离 – 多普勒频率谱进行摔倒检测。通过从 3 幅谱图中提取距离和多普勒频率信息,降低了摔倒检测的误报率。在文献[83]中,B. Jokanovic 等使用时间 – 多普勒频率谱、时间 – 距离谱和距离 – 多普勒频率谱,充分挖掘雷达回波所包含的行为信息,对 4 种人体动作(跌倒、坐下、弯曲和行走)进行分类,然后将 3 个分类结果结合起来,通过投票策略给出最终结果,如图 1.11 所示。实验表明,该算法的性能优于仅使用一种谱图的算法。

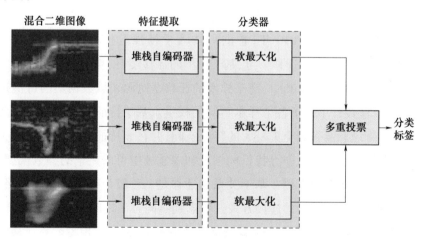

图 1.11 基于混合二维谱的识别方案[83]

1.2.2.3 一维雷达回波的深度学习方法

将时间－距离－多普勒频率数据投影到距离维度上,得到一维雷达回波,即高分辨率距离轮廓(HRRP)。虽然 HRRP 不如二维和三维的雷达回波直观,但它同样携带了足够的信息用于识别人类行为。一维雷达回波通常为时间序列,因此,许多用于时间序列的方法均可以用于处理一维雷达回波信号。例如,循环神经网络(RNN)及其变种具有建模时序数据的优点,因此经常用于处理一维数据,也可用于人体行为识别。虽然对一维雷达回波的深度学习相关研究较少,但深度学习方法仍然有较大潜力提取序列特征,能够充分提取一维雷达回波中的有效信息,达到良好的行为分类结果。

1.2.3 基于迁移学习的人体行为识别技术

1.2.3.1 数据迁移学习

迁移学习[86],也称为领域适配,是将某个任务或数据域上学习、训练的模型应用于与源领域相关但并不一致的新任务中,使模型具有类比学习的能力。在迁移学习中,训练数据集和实际测试集不需要满足独立同分布的假设条件,训练得到的模型在不同数据域上具有良好的泛化性能。迁移学习可以扩充训练模型的数据来源,降低模型对训练数据和标记样本的限制和要求,提高模型在实际应用场景中的表现性能。2010 年,香港科技大学杨强教授将迁移学习分为四类[86],依次是基于样本的迁移学习、基于模型的迁移学习、基于特征的迁移学习和基于关系的迁移学习。其中,基于样本的迁移是对源领域数据集的价值进行评估,并在算法设计中赋予各个样本不同的权重。基于特征的迁移学习主要是寻找使目标领域和源领域交集最大的特征空间,并在该特征空间内完成分类等任务。基于模型的迁移试图寻找目标领域和源领域中可以共享的参数模型,使算法模型可以实现部分复用。基于关系的迁移是一种较为抽象的处理思路,是在寻找领域之间具有共性的连接方式。考虑到不同方法之间并非完全隔离(例如何为关系相似、何为特征相似尚缺乏较为客观的分类依据,模型能够迁移的前提通常是该模型能够抽取的特征具有相似性),本书主要从基于样本的迁移和基于特征的迁移两方面进行梳理。

（1）**基于样本的迁移**。虽然源领域和目标领域的数据分布不一致,但是源领域中存在与目标域相似度较高的少量样本,通过对这部分样本赋予高权重,可以提高模型的迁移性能。涉及的关键问题是训练样本的权重估计,其中代表性的工作有上海交通大学研究人员提出的 TrAdaBoost 方法[87]。该方法受 Ada-Boost[88] 启发,根据样本的分类准确率确定权重。香港大学 Weifeng Ge[89] 在神经网络的浅层特征空间中对数据样本进行表征,根据数据的空间分布确定样本权重。香港科技大学杨强课题组结合神经网络和矩阵分解的结果给样本赋予权重,实现了跨多个数据域的传递迁移[90]和远域迁移[91]。除此之外,相关的研究工作还包括样本选择偏置(Sample Selection Bias)、样本方差偏移等。但是,基于样本的迁移方法受限于领域之间的分布差异,如果领域之间缺乏高相似度样本,则模型迁移的效果会严重下降。在雷达微动特征的研究中,Barış Erol 等提出了基于 Kinect 的人体回波仿真方法[44],统计结果表明与基于激光动捕系统的仿真结果具有很高的相似性,但是由于仿真与实测的样本差距过大,无法直接使用相似样本在实际场景中进行模型迁移。

（2）**基于特征的迁移**。该迁移方法是将源领域和目标领域的样本变换到统一的特征空间,借助特征相似性实现不同数据域的模型复用。典型的方法包括迁移成分分析[92]、最大均值差异最小化[93]、互结构最小化[94]等。随着深度学习技术的快速发展,采用深度神经网络的表征适配方法[95]日益受到关注。借助于深度神经网络强大的非线性拟合能力,研究人员通过引入预训练权值[96],设计网络权值的对抗训练步骤[97],将统计分析指标与网络中间结果相结合等方法[98],提高了不同数据域之间的模型迁移性能。基于特征的迁移也已开始应用于雷达微动特征识别的应用研究。例如,通过在样本数量较为充分的辅助领域进行模型的预训练,提高了网络模型对水下等特殊场景的行为识别性能。通过采用对抗迁移网络等模型,对仿真领域的雷达回波进行特征映射[99],提高实际雷达系统的行为识别性能。

· ——— **1.2.3.2 特征工程设计** ——— ·

特征工程是指从原始数据中提取特征,并将特征转换为与机器学习模型相适应的数据形式的方法。优良的特征工程能够简化建模难度,提高算法模型处理性能,是机器学习处理流程中的关键一环。典型的特征工程包括 Bag – of –

Words 模型,SIFT、HOG 等图像描述子,主成分分析等特征降维方法。虽然深度学习技术采用了端到端的处理流程,但是特征工程的重要性不降反增。由于深度学习目前缺乏坚实的理论依据,模型设计和参数选取主要采用数据驱动的方法。大多数情况下,深度学习模型不能从完全任意的数据中进行学习,如何定义网络的输入端和输出端显得尤为重要。例如,设计从钟表自动读取时间的学习模型,选取表盘图像作为输入数据远远不如以指针角度作为输入数据的处理效率高;密集人群分析问题中,以人群密度图作为输入数据要比根据人群数量的处理方法更适合卷积神经网络的分析处理[100-101];对于语音识别问题,梅尔倒谱系数(Mel-scale Frequency Cepstral Coefficients)而非原始语音数据是音频信号的通用处理形式。对于雷达回波数据,研究人员先后提出了多种特征表示方式:短时傅里叶变换、Gabor 变换、分数阶短时傅里叶变换等二维时频谱分布图及 Radar-cub[102]、Range-Doppler surface[74]、Range-Doppler-Time Points[103] 等三维模型;对于雷达成像结果,研究人员采用光学图像作为标记,获得了人体骨骼结构图[104]、三维人体网格模型[105]。从中不难发现,结合雷达系统特性,设计相应的特征表征方式,可以有效降低人体行为分辨等后续环节的技术难度,提升雷达系统的人体行为感知性能。

·——— 1.2.3.3 异常样本检测 ———·

迁移学习和特征工程需要解决的是样本数量有限问题,而异常样本检测要解决的是样本种类有限问题。由于训练数据集无法包括全部样本的种类,经过训练的模型会面对种类未知的测试样本,这些新出现的种类未知样本即为异常样本。对异常样本的检测依然是机器学习领域的研究难点,已有研究工作包括概率模型方法(Angle-Based Outlier Detection[106]、Stochastic Outlier Selection[107])、线型模型方法(最小协方差行列式法[108]、Deviation-based Outlier Detection[109]、OC-SVM[110])、基于密度的检测方法(Local Outlier Factor,LOF[111];Connectivity-Based Outlier Factor[112],CBLOF[113])、子空间变换方法(OUTRES[114]、OutRank[115])、多模型综合集成方法(XGBOD[116]、LSCP[117])等。为了提高深度神经网络对于未知类别的检测能力,Walter J. Scheirer 等研究人员提出了 openmax 方法[118]。但是,该方法需要综合对比网络各输出端的分布特征,已知样本的类别越多,方法的性能越好。实际上,该方法主要用于 ImageNet

等数据种类达到几百甚至上千的分类任务。UC Berkeley 大学 Ziwei Liu 等提出了基于长尾理论的检测方法[119]，将样本不均衡分类、小样本学习、异常样本检测 3 个问题进行了统一求解，但适用领域依然是 ImageNet 等图片任务。基于深度神经网络的重构误差，研究人员结合自编码器[120]、生成对抗网络[121]等生成模型设计了异常检测方法，在视频分析、人群异常检测等领域得到了应用[122]。天津大学侯春萍研究团队将生成对抗网络应用于微多普勒时频谱[69]，针对未知人体行为的检测问题开展了研究，但是该方法需要根据已知样本的种类训练相等数量的生成对抗网络，训练过程相对繁琐，异常行为的检测问题依然是雷达领域中的难点。

1.3　雷达人体行为识别的关键技术与挑战

通过对现有研究工作的分析梳理，发现基于深度学习的超宽带雷达人体行为辨识研究存在以下问题。

（1）现有算法模型具有大数据集依赖性和计算复杂性。基于深度神经网络的行为辨识是一种数据驱动算法，尚不能有效应对训练数据稀缺和计算资源受限等问题。通常来说，高性能网络需要采用深层网络结构，而网络越深，模型的参数规模越大，所需训练样本越多，计算复杂度越高，模型的过拟合风险越大。如何有效借鉴迁移学习等最新研究成果，在人体行为感知任务中降低训练数据收集成本，尽可能精简算法模型，是当前研究面临的主要问题。

（2）超宽带雷达人体回波数据的特征表征有待优化。雷达的系统参数与回波信号的信息量密切相关，超宽带雷达相比于常规雷达具有更高的距离分辨率，如何结合雷达系统优势设计深度学习模型的输入端，将直接影响算法模型对于数据的学习映射能力。目前，采用单通道超宽带雷达系统的人体行为研究，主要还是将微多普勒时频谱等微动信息作为输入数据，目标一维高分辨距离像等空间位置信息并未充分采用。如何综合利用微动信息和空间位置信息，对回波中的目标信息进行多维度提取，优化算法模型的特征工程设计是下一步研究的关键环节。

（3）未知场景和异常样本的检测问题亟待解决。当前，有关雷达人体行为辨识的研究大都是基于一个前提条件，即假定回波信号来自单个人体目标且训练数据和测试数据的种类一致。然而,实际场景中人体行为的种类难以事先知晓,探测场景的人数很难预先确定,并且缺乏关于信噪比和杂波分布特征的先验知识,基于有限单人回波得到的算法模型不能够完全适应实际场景的应用需求。

(4)人体行为感知中位姿估计问题的研究相对缺乏。现有单通道雷达人体行为辨识的研究大多是针对分类问题(即对人体行为类别进行判定),对于回归问题(即对人体骨骼结构的空间位置估计)很少涉及。单通道雷达由于缺乏方位向分辨力,只能观测到目标的一维径向映射信息,损失了人体目标的空间结构信息。行为分类虽然能够预测人体的行为类别,但是整个处理过程缺乏可解释性,行为的类内差异无法有效衡量。能否结合分类结果和运动过程中肢体相互配合、彼此约束的先验信息,对人体目标的空间运动姿态进行描绘,提高对人体行为类内差异的检测能力,相关问题的研究少有涉及。

第2章

基于稀疏迁移的有监督行为分类

基于深度神经网络的微动特征分类算法是一种数据驱动的计算模型,需要大量训练样本和计算资源进行网络模型的参数寻优。基于稀疏迁移的监督分类方法,可以在保证分类识别准确率的前提下降低训练样本集的数据规模和网络模型的结构复杂度,有利于实际场景下的轻量化应用部署。

人体运动属于非刚体运动,身体各部分在运动过程中存在着规律性的相对运动。这些运动特性可被雷达探测系统捕获,体现为雷达回波中的微多普勒效应[123]。由于肢体结构的复杂性,各肢体的运动速度、姿态方位实时变化,使得微多普勒特征呈现非平稳特性。此外,肢体与躯干的散射强度具有差异性,强弱散射回波相互叠加使得各肢体对应的频率分量难以精确分离,而空间位置中的肢体相互遮挡也会造成部分时刻观测信息的缺失,进一步增加了微多普勒特征的分析难度。基于物理规律[49]和基于图像特性[124]的经典分析方式均不能完全应对多样化行为的识别分类。近年来,广受关注的深度学习模型能够对微多普勒时频谱进行层次化处理,自动提取和分类特征,在微动特征识别中表现优越,追平甚至赶超了经典机器学习方法的分类准确率[58]。但是,深度学习模型需要在大规模样本空间中进行参数寻优,对训练样本集和计算资源提出了远高于经典模型的要求,其在实际场景中的应用也因此受到限制。

为了解决上述问题,部分研究人员采用了迁移学习方法。通常的做法是,首先借助于 ImageNet 等计算机视觉领域的大规模公开数据集对网络模型进行预训练;其次,根据实际应用场景的需要更改网络的输出端通道数目(ImageNet 数据库中的样本种类超过 1000,通常远大于待识别的行为种类);最后,用少量微多普勒时频谱进行模型微调,算法流程如图 2.1 所示。该类方法虽然可以有效降低微多普勒时频谱的数据要求,但并未涉及模型复杂度的问题。此外,从自然图像领域直接迁移的模型,网络层数深、模型参数量大,未能充分考虑时频谱与自然图像的数据差异性,存在着模型过拟合的隐患。

图 2.1　基于常规迁移的微动特征分类方法流程图

　　本章研究的稀疏迁移方法,是在迁移学习过程中引入基于尺度变换的稀疏约束项,在参数寻优的同时对模型各部分在图像和雷达两个领域任务中的重要性进行评估,然后据此对模型进行剪枝,在保证分类准确率的前提下对网络模型进行压缩,方法的处理流程如图 2.2 所示。该方法充分考虑了自然图像和微多普勒时频谱的数据差异性,既降低了对雷达数据集的需求量,也显著减少了模型的运算复杂度,实现了深度神经网络的模型轻量化。

图 2.2　基于稀疏迁移的微动特征分类方法流程图

　　在内容安排上,2.1 节介绍深度学习技术的网络结构和实现原理,内容主要包括卷积神经网络的概念与组成、基于网络模型的监督学习算法和卷积网络的冗余性和可迁移性分析。2.2 节对稀疏迁移方法进行具体阐述,该方法包括人体微多普勒特征提取,稀疏约束下的图像域到回波域迁移,基于迁移网络的模型剪枝,剪枝后网络的权值微调四个环节。2.3 节对实验设计与结果进行分析,对基于稀疏迁移的有监督分类方法进行了实际验证。

2.1　基于卷积神经网络的有监督分类

2.1.1　卷积神经网络的概念与结构

　　经典的分类识别算法采用分而治之的技术思路,将任务拆分为数据预处理、特征提取器设计、分类器设计等模块化的子任务,通过输入数据在各模块的顺序处理完成最终的分类任务。与经典机器学习算法不同,深度学习采用了"端到端"的处理思路:从处理流程的角度看,深度学习不再将任务拆分为特征描述子设计、特征提取、特征分类等子任务,而是通过一个完整的神经网络结构将各处理环节进行了整合;从问题求解的角度看,深度学习不是寻找各个子问题的最优解,而是力图寻找整体问题的全局最优解。卷积神经网络即是体现"端到端"处理思想的一种具体实现结构,已经在图像、语音、文字等数据的分析识别中获得了广泛应用。

卷积神经网络是一种层次化的网络结构,通过层层堆叠的卷积层可以将输入数据进行逐层的分离和抽象,实现特征提取和分类识别的一体化。这种处理思想一定程度上受神经科学领域研究成果的启发。神经科学家 David Hubel 和 Torsten Wiesel 在对猫的视觉皮层细胞观测中发现,处于视觉系统最前端的神经细胞仅对几种简单模式的光路反应强烈[125],揭示了视觉皮层具有层次化处理特性。第一个成功商用的卷积神经网络是 Yann LeCun 于 1998 年设计提出的 LeNet[126],用于邮件中手写数字的识别,奠定了卷积神经网络的基本结构。此后,AlexNet[127]、VGGNet[128]、ResNet[62]等卷积网络模型在计算机视觉的多项任务中不断刷新性能上限。实际上,各类卷积网络的组成结构相差不大,只是在卷积核的尺寸设计、卷积核的信息传导线路等环节进行了改进。下面对卷积网络的结构和原理进行介绍。

典型的卷积神经网络结构如图 2.3 所示,主要包括卷积层、池化层、非线性激活函数(在图 2.3 中未显示)3 个部分,对于分类任务通常还会在模型中引入全连接层和随机失活(Dropout)操作。卷积神经网络的各组成部分相互堆叠,逐层堆砌,通过前向传播进行数据的层次化分析,通过后向传播进行误差传导和网络参数的优化。在计算机视觉任务中,输入数据通常是红、绿、蓝(RGB)三通道构成的图像,而对于雷达微动特征识别任务,最常用的方法是将雷达回波变换得到的微多普勒时频谱作为输入。

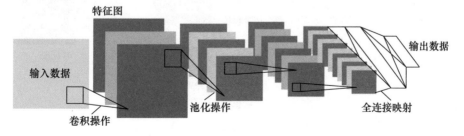

图 2.3　基于卷积神经网络的处理流程图

······· 2.1.1.1 卷积层 ·······

卷积层是卷积神经网络的核心组成部分,实际操作中通过互相关运算进行实现。当数据输入卷积层时,各个卷积核对输入数据的各区域进行逐元素的遍历相乘求和,卷积操作的输出结果称为特征图。以二维卷积操作为例,设输入数据为 x,输出数据(即特征图)为 y,尺寸为 $M \times N$,卷积核为 h,尺寸为 C_{out},则特征图坐标为 (m,n) 处的计算过程为

$$y_{m,n} = \sum_{j=0}^{J} \sum_{k=0}^{K} h_{j,k} x_{m-j,n-k} \qquad (2.1)$$

从中可以看出,特征图的各个输出值都是相应输入区域与同一个卷积核的运算结果,这种参数复用体现了卷积层的参数共享特性。

通常,一个卷积层包括多个卷积核,卷积核的数量决定了特征图的通道数,其对应关系如图 2.4 所示。图中,3 个卷积核的参数各不相同(卷积核参数分别与下面的 3 个矩阵相对应),分别对输入图像的整体边缘轮廓、纵向边缘轮廓和横向边缘轮廓进行了滤波,对图像中的不同特征信息进行了强化。卷积核的设计和操作具有较大灵活性,既可以对卷积核的尺寸、数目进行设置,也可以对卷积过程中的滑动步长、是否对图像边缘进行补齐等细节进行修改,即

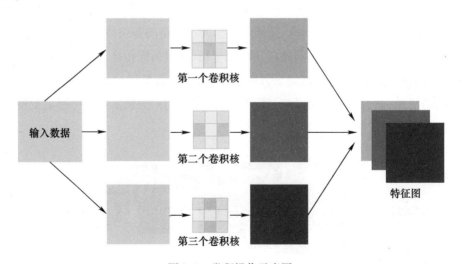

图 2.4　卷积操作示意图

$$\boldsymbol{h}_e = \begin{bmatrix} 0 & 1 & 0 \\ 1 & -4 & 1 \\ 0 & 1 & 0 \end{bmatrix}, \boldsymbol{h}_f = \begin{bmatrix} 1 & 0 & -1 \\ 4 & 0 & -4 \\ 1 & 0 & -1 \end{bmatrix}, \boldsymbol{h}_g = \begin{bmatrix} 1 & 4 & 1 \\ 0 & 0 & 0 \\ -1 & -4 & -1 \end{bmatrix} \quad (2.2)$$

实际上,卷积核的种类和实际功能不止于此。不同参数的卷积核对图像的各类边缘特征进行捕获,更深层的卷积核可以在浅层处理的基础上,对特征图进行层层嵌套,实现对图像形状、纹理等特征的检测,相当于对图像进行了高层语义特征的信息过滤。深层卷积的处理效果可以借助"感受野"的概念进行理解。感受野[129]是从神经科学中引入的概念,原指视觉、听觉等感官神经元可接收刺激信号的区域范围。卷积神经网络的感受野映射关系如图2.5所示,图中每一层的卷积核尺寸均为3×3,但通过层与层的堆叠(层与层之间有激活函数),更深卷积层在输入层的感受野不断扩大,如第$L+3$层特征图的各元素对应第L层7×7区域的数据范围。深层卷积不仅对应着感受野的扩展,也对应着滤波特征的逐层叠加,从而可以在更深层获取复杂的图像特征。

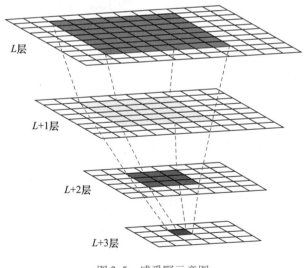

图2.5 感受野示意图

· ····· **2.1.1.2 池化层** ····· ·

池化层内完成对数据的下采样。通过池化操作,数据尺寸得到压缩,部分区域特征得到保留。对于实际输入数据,感兴趣的特征并不一定总是在输入层的固定位置出现,池化操作可以降低卷积层对于特征的位置敏感性,更加关注特定类型特征的存在性。此外,池化操作对输入数据进行了降维,可以有效降低后续运算量,降低网络模型发生过拟合的概率。

通常采用的池化操作有两种:一种操作是最大池化,池化窗口沿输入层进行滑窗遍历,输出滑窗区域内的最大值;另一种操作是平均池化,滑动过程中对滑窗区域内的各个元素计算平均值。图 2.6 所示为池化过程示意图(图中池化结果采用了四舍五入近似处理)。设池化操作的滑动窗尺寸为 $H \times W$,输入数据为 x,输出为 y,网络上的数据坐标为 (i,j),则两种池化操作的运算结果分别对应以下两个算式:

$$y_{i,j} = (1/HW) \sum_{0 \leqslant i < H, 0 \leqslant j < W} x_{i \times H+i, j \times W+j} \qquad (2.3)$$

$$y_{i,j} = \max_{0 \leqslant i < H, 0 \leqslant j < W} x_{i \times H+i, j \times W+j} \qquad (2.4)$$

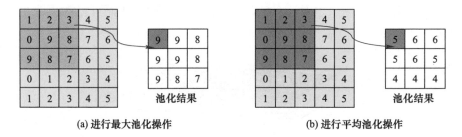

(a) 进行最大池化操作　　　　　　　(b) 进行平均池化操作

图 2.6　池化过程示意图

2.1.1.3　激活函数层

激活函数层对输入信息进行非线性映射,提高网络模型对复杂数据的拟合能力。由于卷积操作本质上是一种线性映射,层与层的直接堆叠不能改变其线性映射的本质,通过在相邻卷积层之间设置激活函数层,可以有效提高卷积网络的非线性表达能力。

在神经网络的发展历程中,Sigmoid 型函数曾被广泛用于激活函数层[130]。图 2.7 所示为 Sigmoid 激活函数及其梯度,Sigmoid 函数的输出范围始终为 0 ~ 1,与神经元的激活与非激活状态分别对应。但是,Sigmoid 函数稳定的输出范围造成了后向传播中的梯度饱和效应。从图 2.7 中可以看出,当输入绝对值大于 5

时,函数的梯度将接近于零,在基于梯度的传播过程中无法对误差进行有效传导,增大了网络的训练难度。ReLU(Rectified Linear Unit)函数是目前深层神经网络广泛采用的激活函数[131],其函数和梯度如图 2.8 所示。从中可以看出,ReLU 函数对于大于 0 的数据梯度始终为 1,从而有效避免了 Sigmoid 函数的梯度饱和问题。

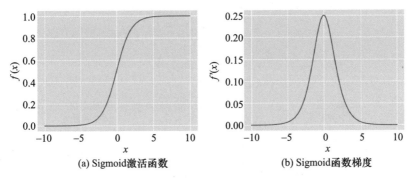

图 2.7　Sigmoid 激活函数及其梯度

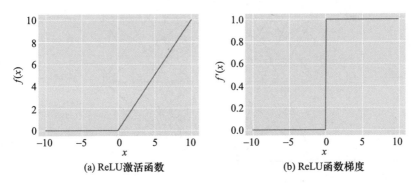

图 2.8　ReLU 激活函数及其梯度

•········ 2.1.1.4　全连接层 ········•

通过卷积层、池化层和激活函数层等操作,原始输入数据通过非线性的层次化表征,映射到了特征空间中。为了实现最终的特征分类,还需要后接全连接层(也可由 1×1 的卷积核进行等效替换)进行特征空间的子类划分。

典型的全连接层网络结构如图 2.9 所示,图中网络输入层的神经元个数为 M,隐藏层的神经元个数为 N,输出层的神经元个数为 K,各层神经元的对应连接

权重分别为 v_{nm} 和 w_{kn}，神经元的激活函数为 g，输入数据为 x，中间层数据为 z，输出数据为 y，全连接层网络层与层之间的正向传播过程分别用下面两个式子表示。在网络结构设计中，用于分类任务的全连接层网络输出端数目与待分类的目标数目通常一致，并且一一对应。根据实际网络的权值大小，以最大权值所在的类别确定最终的分类输出结果，即

$$z_n = g\left(\sum_{m=1}^{M} v_{nm} x_m\right) \tag{2.5}$$

$$y_k = h\left(\sum_{n=1}^{N} w_{kn} z_n\right) \tag{2.6}$$

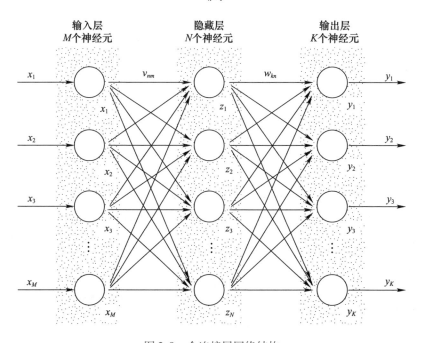

图 2.9　全连接层网络结构

2.1.2　基于卷积神经网络的监督学习过程

卷积神经网络的结构搭建完成后，需要对模型的各个参数进行优化，使模型能够满足任务要求。监督学习可以通过计算网络模型在训练样本集上的分类误差进行权值的更新优化。目标函数决定了网络性能的评价标准，反向传播的更新方式使得预测结果与实际样本的误差可以逆向传导至各个模型单元，实现模

型参数的逐一优化。

·——— 2.1.2.1　基于交叉熵的目标函数 ———·

在信息论中,熵用于表征信息的不确定程度,熵值越大,不确定性越高,意味着信息量也越大。交叉熵[132]是熵的一种,用于衡量不同概率分布的差异性,在神经网络中用来衡量预测样本的类别分布与目标的真实类别分布的差异程度。

假设训练样本集的数据量为 n,样本类别数为 q,样本 i 的真实标签分布概率为 $y^{(i)}$,预测标签的分布概率为 $\hat{y}^{(i)}$,交叉熵为 H,则基于交叉熵的目标函数 ℓ 可以写为

$$l = -(1/n)\sum_{i=1}^{n} H(\boldsymbol{y}^{(i)}, \hat{\boldsymbol{y}}^{(i)}) = -(1/n)\sum_{i=1}^{n}\sum_{j=1}^{q} y_j^{(i)}\log\hat{y}_j^{(i)} \tag{2.7}$$

式中: $\hat{\boldsymbol{y}}^{(i)} = [\hat{y}_1^{(i)} \quad \hat{y}_2^{(i)} \quad \cdots \quad \hat{y}_q^{(i)}]$ 是网络输出端的 softmax 回归值,计算过程如下式所示。$o_k^{(i)}$ 是样本 i 输入网络后,第 k 个输出端的值,即

$$\hat{y}_k^{(i)} = \exp(o_k^{(i)}) \Big/ \sum_{j=1}^{q} \exp(o_j^{(i)}) \tag{2.8}$$

实际中,对于样本的真实标签分布通常是采用 one-hot 编码的形式,即仅在真实类别处取值为 1,其余为 0。将 $\boldsymbol{y}^{(i)} = [y_1^{(i)} \quad y_2^{(i)} \quad \cdots \quad y_q^{(i)}] = [0 \quad \cdots \quad 0 \quad 1 \quad 0 \quad \cdots \quad 0]$ 代入式(2.7),令样本 i 的真实类别为 C_i,则目标函数可进一步约简为

$$\ell = -(1/n)\sum_{i=1}^{n} \log\hat{y}_{C_i}^{(i)} \tag{2.9}$$

从式(2.9)可以看出,目标函数 ℓ 只与真实类别 C_i 上的预测概率有关,当且仅当该处概率均取 1 时,目标函数取得最小值 0,此时网络模型获得最优解。目标函数反应了网络模型的预测值与训练样本的真实类别的计算偏差,通过最小化目标函数 ℓ 可以获得最大化正确类别的输出概率,从而引导卷积神经网络不断提高分类识别的准确率。

·——— 2.1.2.2　基于反向传播的参数更新 ———·

目标函数可以有效计算当前网络的分类误差,而基于反向传播的误差传递

方法可以准确调节网络模型的各个参数权重,不断减小网络的代价函数,提高神经网络在相应任务的表现性能。对于卷积神经网络,模型参数量通常可达百万甚至上亿量级,借助链式求导法则和随机梯度下降算法,可以将问题化繁为简,以循环迭代的方式对模型参数进行优化更新。

链式法则是微积分中求复合函数导数的常用方法。根据链式法则,若复合函数 $F(x) = f(g(x))$ 在 x 处可导,则有 $\partial F/\partial x = (\partial f/\partial g) \cdot (\partial g/\partial x)$。采用链式法则对目标函数进行求导,可以求得神经网络各层参数的方向导数,确定优化方向。

随机梯度下降法是一种低计算开销的梯度下降算法,用于确定优化步长。以复合函数 $F(x)$ 为例,随机梯度下降法每一次只需随机采样一组样本 $i \in \{1, 2, \cdots, n\}$,计算偏导数 $\nabla F_i(x)$,然后以一定的步长(也称为学习率)η 沿导数的反方向更新参数 x 为 $x \leftarrow x - \eta \nabla F_i(x)$。随机梯度下降法使得每次梯度求导的计算复杂度从 $\mathcal{O}(n)$ 降为常数 $\mathcal{O}(1)$,并且保证一个完整采样周期的梯度 $\nabla F(x)$ 是整体样本梯度的无偏估计:

$$(1/n) \sum_{i=1}^{n} \nabla F_i(x) = \nabla F(x) \tag{2.10}$$

2.1.2.3 基于批规范化的训练加速

批规范化(Batch Normalization)算法可以提高网络模型优化过程的收敛速度,改善浅层网络中的泛化性能,缓解深层网络中存在的"梯度弥散"问题[133]。机器学习模型的前提假设是源领域空间和目标领域空间的数据分布具有一致性。但在网络处理过程中,神经网络的层内操作会改变输入数据的分布特性,这种内部数据的不一致性即为"内部协变量偏移"(Internal Covariate Shift)。这种偏移会随着层层累积而不断变大。在神经网络的层与层之间进行批规范化操作,可以对各层的输入数据进行归一化,避免协变量偏移的逐层累积。

批规范化的算法流程如算法2.1所示,在模型进行随机梯度下降时,首先对每一批的数据计算均值(步骤1)和方差(步骤2),然后根据均值和方差进行数据的规范化(步骤3),最后引入尺度变换因子 γ 和 β,对模型的输出值进行放缩,避免梯度弥散效应。

算法 2.1　批规范化（Batch Normalization）算法

输入：批样本数据（Mini – batch）$\mathcal{B} = \{x_{1,2,\cdots,m}\}$

输出：经过规范化处理的神经网络响应值 y_i

步骤 1 : $\mu_\mathcal{B} \leftarrow 1/m \sum_{i=1}^{m} x_i$　//批样本数据的均值计算

步骤 2 : $\sigma_B^2 \leftarrow 1/m \sum_{i=1}^{m} (x_i - \mu_\mathcal{B})^2$　//批样本数据的方差计算

步骤 3 : $\hat{x}_i \leftarrow (x_i - \mu_B)/(\sqrt{\sigma_B^2 + \epsilon})$　//数据规范化处理

步骤 4 : $y_i \leftarrow \hat{\gamma x}_i + \beta = \mathrm{BN}_{\gamma,\beta}(x_i)$　//尺度变换和偏移

步骤 5 : 返回学习到的尺度因子 γ 和 β

2.2　光学图像与雷达数据的稀疏迁移

2.1 节对卷积神经网络的模型结构和基于监督学习的分类算法进行了探讨。从中可以看出，网络的参数优化和性能提升是与训练数据集高度相关的，数据样本越多，网络越能够发掘数据中的共性特征，算法性能也就越高。这样一种数据驱动的算法虽然可以实现参数寻优的自动化，但是寻优过程具有对大数据集的依赖性和计算资源的高消耗性。不同于计算机视觉、自然语言分析等领域，雷达人体行为分析领域的公开数据集缺乏，可用于网络设计和超参数选取的数据有限，训练数据只能依靠实际系统反复录取，数据采集耗时耗力，场景多样性有限。

采用迁移学习算法，利用其他领域的公开训练数据集进行神经网络的预训练可以有效地降低对雷达数据规模的要求。但是，雷达领域现有的迁移学习方法并没有充分考虑雷达数据和自然图像的差异性以及由数据差异性造成的网络结构差异性。自然图像是通过小孔成像原理将观测场景进行平面投影，图像包含的事物场景和语义信息丰富，对它的分析和解读通常需要深层的网络。从 ImageNet Challenge[134] 的图像分类识别准确率看，从 AlexNet（网络层数为 6）到 VGGNet（网络层数为 16、19）再到 ResNet（网络层数为 34 甚至 101），更优越的图像识别性能往往需要借助更深层的网络。然而，雷达微多普勒时频谱反映的是微多普勒效应的时频分布特性，其纹理特征信息、场景语义信息通常没有自然图

像丰富。因此,直接采用图像领域性能优越的卷积神经网络进行处理会存在网络结构上的冗余,并且存在过拟合的隐患。因此,本节提出基于稀疏迁移的神经网络训练方法,在自然图像域到雷达回波域的模型迁移中,对网络各部分的重要程度进行评估和裁剪,实现针对雷达数据的轻量化网络搭建。

2.2.1　微多普勒特征分析和提取

人体运动是一类复杂的动态过程,涉及身体各肢体运动以及肢体之间的协同配合,同类型的行为具有运动轨迹、运动周期等方面的相似性,但也因个体之间身体结构和行为习惯而存在差异性。雷达获取的微多普勒特征是人体相对于雷达的径向运动而产生的频率调制效应。

图 2.10 所示为红外运动数据采集系统和该系统生成的三维空间人体骨骼结构。结合该系统记录的运动信息和雷达回波仿真,可以对微多普勒特征具有更明晰的理解。以行走为例,虽然从整体看是人体目标在地面的低速位移,但行进过程中人的手、脚、手臂、腿部、躯干等各肢体具有各自的运动轨迹。图 2.11 所示为左手、右手、躯干、头部、左脚、右脚在行走过程中的三维运动轨迹。从图中可以看出,头和躯干的高度向变化范围要小于手、脚,而各肢体的空间轨迹均有一定程度的周期性规律。

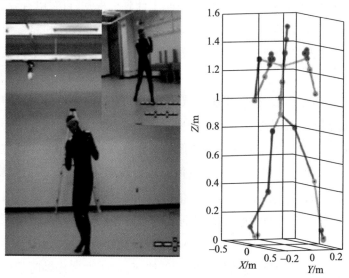

图 2.10　红外运动采集系统记录的人体主要关节信息

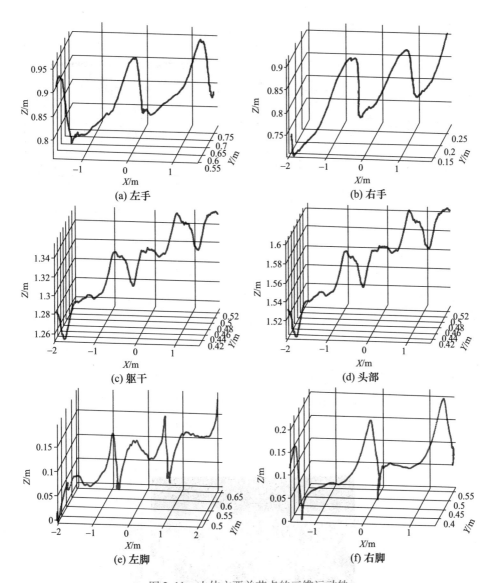

(a) 左手 (b) 右手 (c) 躯干 (d) 头部 (e) 左脚 (f) 右脚

图 2.11　人体主要关节点的三维运动轨

　　对于不具备方位向分辨率的雷达系统,三维运动轨迹将会映射为径向时序信息,如图 2.12 所示。其中,图 2.12(a)为径向距离 – 时间的二维平面图,图 2.12(b)为径向速度 – 时间的二维平面图。对于人体行为分析,主要是依据速度 – 时间信息进行分类识别。由于短时傅里叶变换具有较好的物理解释性和低运算复杂度,通常用于对雷达回波中速度信息的提取和处理。

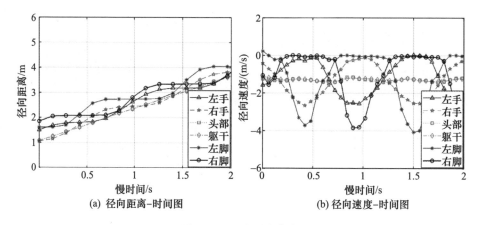

(a) 径向距离–时间图 (b) 径向速度–时间图

图 2.12　径向时序信息

假设雷达人体散射回波是 $s(t)$，时间窗是宽度为 T_w 的高斯型窗函数 $h(t)$，移动窗函数对回波信号进行反复抽取和傅里叶变换，即可得到微多普勒时频谱，其计算表达式为

$$S(t,f) = \left| \int_{-\infty}^{+\infty} s(\tau) h_{T_w}(\tau - t) e^{-j2\pi f\tau} d\tau \right|^2 \tag{2.11}$$

短时傅里叶变换得到的人体仿真时频谱如图 2.13 所示，受限于窗函数的形状和宽度以及肢体的漫反射效应，时频谱的分辨率明显低于图 2.13 中叠加的速度–时间平面图。除此之外，因肢体散射强度的不同，不同肢体对应频率分量的幅度值也存在差异性。

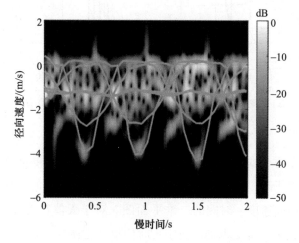

图 2.13　人体径向速度–时间运动曲线与微多普勒时频谱

2.2.2 利用尺度变换因子的稀疏迁移

考虑到微多普勒时频谱与自然图像的差异性,卷积神经网络在各自数据域学习到的特征也不完全相同。将图像领域表现优异的深层卷积网络迁移至微动特征识别,有必要对网络各层的通用性进行衡量,对网络结构删繁就简。由于卷积神经网络的参数量巨大,如何评估各部分在迁移任务中的重要性显得十分关键。最直接的思路是对网络进行逐层裁剪,然后对比裁剪前后的分类准确率,如果性能没有明显下降,即认为裁剪掉的部分不重要。但是,这类方法存在两方面问题:一方面,各层内部以及层与层之间的裁剪组合、裁剪比例过于繁杂,难以通过遍历的方式进行计算对比;另一方面,各层独立确定的最佳裁剪方式并不意味着全局效果的最优。

如何只对网络中重要部分进行迁移,则可以看作是一个带约束项的优化问题,即在保证分类任务性能的前提下,使得网络复杂度所对应的约束项最小。求解该问题的关键是算法的约束项设计。从前面的讨论可知,前一层输出的 x_i 进入批量规范化层后,首先经过规范化操作得到 $\hat{x}_i$,然后经过尺度伸缩输出 y_i,送入下一层网络。其中,尺度变换因子 γ 对实际输出起到了放大或缩小作用,γ 越接近于 0,上一层输出 x_i 对下一层网络输入 y_i 的影响就越小。

如图 2.14 所示,在迁移学习过程中,可以把尺度变换因子 γ 作为网络各神经元重要性的评估指标,尺度因子 γ 越小,可以认为与它直接相连神经元的重要性越低。由此可知,对各神经元重要性衡量可以转化为对各神经元相连接的尺度因子大小的比较,衡量方式更加客观直接。

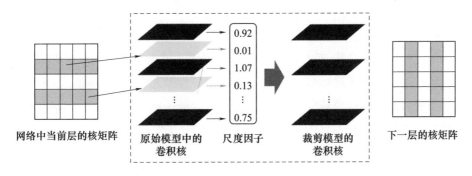

网络中当前层的核矩阵　　原始模型中的卷积核　　尺度因子　　裁剪模型的卷积核　　下一层的核矩阵

图 2.14　根据尺度因子对各神经元的重要性进行评估并决定裁剪区域

2.2.3 稀疏约束下的迁移算法

基于深度神经网络的模型迁移,通常采用交叉熵作为目标函数,以监督学习的方式,利用目标领域中数量有限的训练样本,对网络的参数进行更新。本章提出的稀疏迁移算法是在目标函数中引入关于尺度因子的约束项,由此在模型迁移的过程中,同步完成对模型各组成部分的重要性评估。

假设交叉熵为 H,训练样本集的数据为 x,类别信息为 y,神经网络为 f,网络参数为 W,约束项的系数为 λ,则稀疏迁移目标函数 E 的表达式如下:

$$E(W, \gamma) = \sum_{(x,y)} H(f(x, W), y) + \lambda \sum_{\gamma \in \Gamma} |\gamma|_1 \qquad (2.12)$$

由式(2.12)可知,稀疏迁移过程是使目标函数 E 最小化,即在最小化交叉熵前提下,让所有尺度因子的 L1 范数之和最小。该过程中,尺度因子 γ 越小,表明与其相连的参数对于网络在目标领域性能的影响越小。

具体实施中,神经网络参数 W 和尺度因子 γ 均通过梯度下降算法进行更新,更新算式分别如下:参数更新步长均为 μ,优化目的是实现参数 W 的最优化和尺度因子 γ 的最小化,即

$$W \leftarrow W - \mu \partial E(W, \gamma)/\partial W = W - \mu \sum_{(x,y)} L(f(x, W), y)/\partial W \qquad (2.13)$$

$$\gamma \leftarrow \gamma - \mu \partial E(W, \gamma)/\partial \gamma$$

$$= \gamma - \mu \left(\partial \sum_{(x,y)} L(f(x, W), y)/\partial \gamma + \lambda \operatorname{sgn}(\gamma) \right)$$

$$= \gamma - \mu \lambda \operatorname{sgn}(\gamma) \qquad (2.14)$$

2.2.4 迁移网络的剪枝及微调

经过稀疏迁移算法,神经网络的各个尺度因子已进行了不同程度的数值压缩。通过对尺度因子进行数值统计,可以确定各神经元在目标领域的重要程度。根据拟裁剪的模型规模确定尺度因子的门限,对低于该门限的神经元进行裁剪。这种裁剪方法的优势是:①各层神经元统一排序,无需逐层反复迭代,裁剪效率高;②根据尺度因子确定裁剪门限,裁剪比例精准可控。

裁剪完成的深度神经网络,还需要在目标领域的训练集进行参数微调。在微调过程中,以交叉熵为代价函数进行监督学习,对剩余神经元的参数值进行调

整,通过剩余神经元的协同配合来降低因网络裁剪造成的性能下降。具体实施中发现,由于自然图像域和雷达回波域的数据差异性大,基于自然图像搭建的模型的大部分结构对于微多普勒时频谱是冗余的,网络通过大幅度裁剪后依然可以保持很高的性能,分类准确率远高于根据有限雷达回波数据直接搭建的浅层卷积神经网络。

2.3 有监督行为分类实验结果及分析

本节采用超宽带雷达系统采集的人体回波数据和 ImageNet 自然图像数据集进行稀疏迁移算法的性能分析。

2.3.1 实验数据

采用如图 2.15 所示的单发单收超宽带雷达系统进行人体回波数据的采集,雷达系统的工作带宽为 3.1 ~ 4.8GHz,脉冲重复频率为 300Hz。雷达放置于室内,距地面高度为 1.2m。人体回波数据的采集区域是图 2.15 所示的阴影矩形区域。一共有 5 名实验人员进行了数据采集,采集过程中每名人员依次完成步行、跑步、原地挥拳、原地踢腿、跳跃、原地站立 6 类行为。每个行为的观测时长

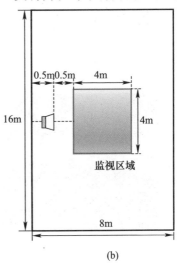

(a)　　　　　(b)

图 2.15　超宽带雷达系统和实验场景设置

为8s,实验重复5次,每段回波数据切分成时长为2s的数据样本。每一个数据样本通过短时傅里叶变换得到微多普勒时频谱。图2.16所示为6类人体行为的微多普勒时频谱示例。训练集共有240个回波切片,每一类行为的样本数目

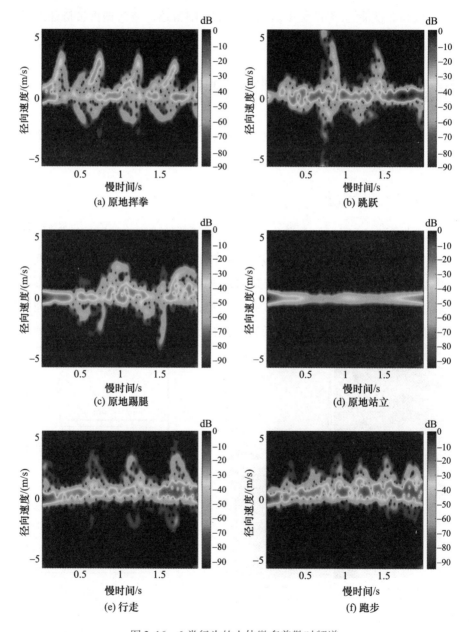

图 2.16　6 类行为的人体微多普勒时频谱

为40。对于深度神经网络而言,这是一个小训练样本集的分类任务。测试集共有600个回波切片,每一类行为的样本数目为100。

2.3.2 基准算法和实现细节

稀疏迁移是在保证网络本身性能的前提下,尽可能裁剪网络规模。考虑到各类网络未裁剪情况下的表现性能通常决定了稀疏迁移后的性能上限,因此,首先选取 ImageNet 数据集上表现优异的卷积神经网络模型进行目标域的分类性能对比,筛选用于稀疏迁移的基准网络。实验的候选网络包括 VGG – 16[128]、VGG – 19[128]、ResNet – 18[62]、ResNet – 34[62]和针对微多普勒谱设计的三维卷积神经网络(CNN),前 4 类网络采用 ImageNet 数据集上训练后的权值作为初始化,三层卷积神经网络采用随机初始化。各个网络均在同一雷达回波训练集进行训练,然后比较测试集上的表现。训练过程中,均以交叉熵作为目标函数,采用随机梯度下降法进行参数更新,训练过程的学习率为 0.0001,每一批训练数据的数目为64。

图 2.17 所示为各个神经网络的训练过程性能曲线,4 类迁移网络的分类性能均比随机初始化网络(图中记作 CNN)高出 10% 以上。在各类迁移网络中,VGG – 19 的准确率最高,分类准确率能够达到 90% 以上。网络层数最深的 ResNet – 34在迁移网络中的分类准确率反而最低,这是由于该网络的层数最深

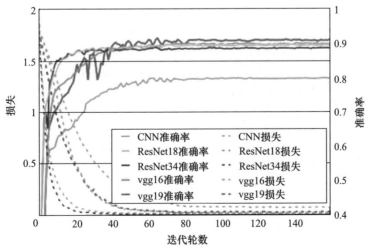

图 2.17 卷积神经网络在雷达回波数据集的性能对比

（层数为34），在雷达数据集出现了过拟合现象。考虑到 VGG – 19 在常规迁移下的分类准确率最高，因此选定 VGG – 19 作为基准网络，进行后续的稀疏迁移。

稀疏迁移与常规迁移[135-136]的区别是：常规算法本质上只对网络的全连接层进行修改。两种迁移算法的具体区别如图 2.18 所示，图中 conv 表示卷积层，FC 为全连接层。常规迁移的网络模型只对图中全连接层区域进行修改，本书的方法模型可在此基础上对各卷积层均做出修改，删减网络层中的卷积通道（在本任务中，网络输出类别数需要从 1000 改为实际任务的样本类别数 6，全连接层网络的神经元之间的连接也据此进行调整）。本书所提的稀疏迁移算法是对包括全连接层在内的各层神经网络进行裁剪，裁剪方式并非整层网络的删减，而是针对层内卷积核的操作。

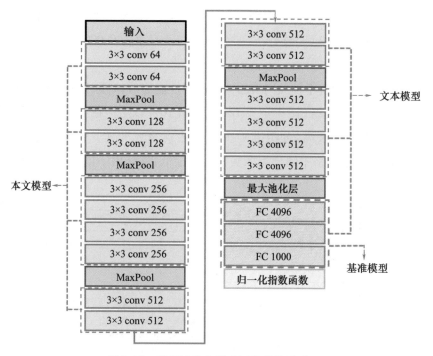

图 2.18　常规迁移和稀疏迁移的模型对比

2.3.3　实验结果

首先，根据式（2.12）、式（2.13）和式（2.14），对神经网络进行稀疏约束下的参数更新,明确可以裁剪的网络结构。参数更新前后 VGG - 19 的首层卷积核参数值如图 2.19 所示。VGG - 19 采用的卷积核尺寸均为 3 × 3,对应尺寸为 3 × 3 的矩阵。图中矩阵颜色是将网络首层的三通道卷积核权值以 RGB 三通道颜色进行显示,矩阵的颜色越暗,表明该卷积核的参数值越小。

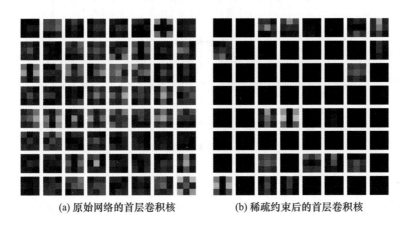

(a) 原始网络的首层卷积核　　　　　　**(b) 稀疏约束后的首层卷积核**

图 2.19　稀疏约束下的 VGG - 19 网络首层卷积核的可视化结果

从图 2.19 可知,在尺度因子约束下,原始网络中的大部分卷积核的参数值发生显著变化,大多数区域的参数值减少,只有少数卷积核的参数值相对较高。这表明了尺度因子与网络权值之间的相关性,从而为网络神经元的裁剪提供了依据。稀疏迁移的目的是将参数值小于某一门限的卷积核区域进行裁减,由此减少网络的参数量和结构复杂度。

明确网络各结构的重要性并做出裁剪后,需要基于雷达训练集对网络的参数进行微调。图 2.20 为按照不同比例裁剪得到的网络在微调前后的性能对比。由图中可知:

(1) 当裁剪比例小于 20% 时,网络的性能未出现变化,当裁剪比例进一步增大时,网络性能出现急剧下滑(图 2.20 中红线所示);

(2) 通过网络参数的微调,迁移网络的最终分类准确率依然可以恢复到最初性能(图 2.20 中蓝线所示);

(3) 当裁剪比例大于 90% 时,网络裁剪部分过多,进行微调之后依然不能得到满意的分类性能。

不同裁剪比例下稀疏迁移网络的分类准确率、模型参数量和运算浮点数如

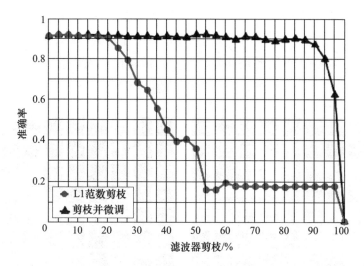

图 2.20 剪枝网络微调前后的性能对比

表 2.1 所列。其中,运算浮点数是数据维度为 64×64 的雷达时频谱进行分类所需要的运算数。

表 2.1 不同裁剪比例下 VGG – 19 网络的性能对比

模型	平均准确率	模型参数量	运算符点数
VGG – 19(基准)	90.5%	2.03×10^7	1.59×10^8
VGG – 19(裁剪 10%)	90.6%	1.63×10^7	1.28×10^8
VGG – 19(裁剪 20%)	90.7%	1.29×10^7	9.96×10^7
VGG – 19(裁剪 30%)	90.5%	9.83×10^6	9.83×10^7
VGG – 19(裁剪 40%)	90.6%	7.19×10^6	5.64×10^7
VGG – 19(裁剪 50%)	90.5%	5.01×10^6	3.92×10^7
VGG – 19(裁剪 60%)	90.5%	3.22×10^6	2.55×10^7
VGG – 19(裁剪 70%)	90.5%	1.81×10^6	1.43×10^7
VGG – 19(裁剪 80%)	89.4%	8.12×10^5	6.30×10^6
VGG – 19(裁剪 90%)	86.8%	2.01×10^5	1.83×10^6

对于每一个卷积层,运算浮点数的计算式为

$$F_{\text{cov}} = 2HW(C_{\text{in}}K^2 + 1)C_{\text{out}} \qquad (2.15)$$

式中:H 和 W 分别是输入数据的高度和宽度;C_{in} 是卷积层的输入通道数;C_{out} 是

输出通道数;K 是卷积核的尺寸。

全连接层的运算浮点数计算式为 $2(I-2)O$,其中 I 是全连接层的输入尺寸,O 是输出尺寸。

表 2.1 中,当网络的参数量从 2.03×10^7 降到 1.81×10^6,运算量从 1.59×10^8 降到 1.43×10^7 时,分类准确率依然可以保持在 90.5%。另外,小幅度裁剪后的网络(裁剪比例为 10% 和 20% 时)甚至可以达到比网络裁剪前更高的分类准确率。由此可知,本书提出的稀疏迁移算法可以在不降低网络性能的前提下,有效降低网络的参数量和运算量。

2.3.4 参数敏感性分析

首先分析稀疏约束项对于迁移网络的性能影响。在稀疏迁移的运算中,目标函数式(2.12)中的约束项系数 λ 取值为 0.1,该系数对尺度因子 γ 的数值范围起到约束作用。图 2.21 所示为 λ 取不同值时,各神经元所对应尺度因子 γ 的数值统计结果。从图中可以看出,当约束项系数 λ 取值为 0 时,尺度因子在 0 到 1 的取值范围内呈均匀分布的趋势;当系数 λ 增大时,位于 0 附近的尺度因子数量不断增多,位于 0.8 到 1 取值范围的尺度因子数目逐渐消失,其他区间内的尺度因子数值依旧呈现均匀分布。由于网络的每一层均采用批量归一化处理,因此每一个神经元都与一个尺度因子相关联,对网络进行不同比例的裁剪,即是根据尺度因子 γ 的统计分布确定裁剪门限,仅对尺度因子大于门限值的神经元予以保留。

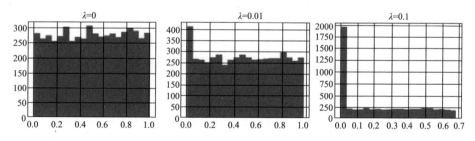

图 2.21 约束项系数 λ 取不同值时,尺度因子 γ 的数值统计直方图

下面分析尺度因子对迁移网络的影响。图 2.22 所示为 3 种不同约束准则下,神经网络经过稀疏迁移后的表现性能。第一种方法是本书所用方法,即裁剪小于门限的尺度因子所对应的网络,仅做裁剪的网络记作 L1 - 最小化剪枝,裁

剪后进行微调的网络记作 L1 - 最小化微调;第二种方法是对大于门限的部分进行裁剪,仅做裁剪的网络记作 L1 - 最大化剪枝,裁剪后进行微调的网络记作 L1 - 最大化微调;第三种方法是令目标函数式(2.12)中的约束项系数为 0,然后直接裁剪小于门限的部分,仅做裁剪的网络记作最小化剪枝,裁剪后进行微调的网络记作最小化微调。

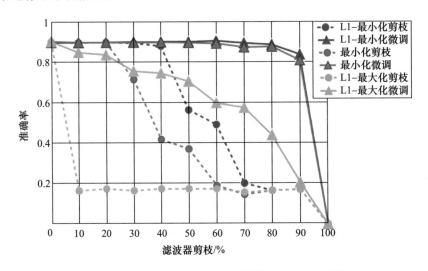

图 2.22　不同约束准则下,迁移网络的性能对比曲线

由图 2.22 可知,当高于门限的尺度因子被裁剪时,网络的表现性能下降明显(图中绿色虚线),此时对网络的剩余部分进行微调并不能够恢复到裁剪之前的表现性能(图中绿色实线)。如果训练过程中没有引入约束项直接进行裁剪,当裁剪比例大于 20% 时,裁剪后的网络性能即出现下降(图中红色虚线),需要更早的借助微调提升网络性能(图中红色实线);当裁剪比例大于 60% 时,无稀疏约束的网络经过微调后的表现性能会低于本书方法(图中红色和蓝色实线),表明稀疏约束算法对于网络迁移后的性能具有更好的提升作用。

前面仅给出了整体网络的裁剪比例,此处列出神经网络各层的裁剪细节,并对神经网络各层敏感度进行分析。表 2.2 给出了不同裁剪比例时神经网络各卷积层的留存数目,图 2.23 绘制了各卷积层的留存比例变化曲线。从图 2.23 可知,各层网络的裁剪比例与整体裁剪比例近似呈线性关系,表明各层网络基本是按照相同比例进行的裁剪。其中,卷积网络的浅层网络卷积层 2、卷积层 3 的留存较高,造成该现象的原因是浅层卷积层通常捕获的是边缘、轮廓等信息,而这些信息通常也被认为是微多普勒时频谱的重要特征。

表2.2 不同裁剪比例下各层卷积核的剩余数目

模型	各卷积层的剩余卷积核数目
VGG – 19(基准)	64,64,128,128,256,256,256,256,512,512,512,512,512,512,512,512
VGG – 19(裁剪10%)	57,58,120,117,232,229,222,219,461,460,462,473,466,457,462,458
VGG – 19(裁剪20%)	51,54,110,103,206,203,202,192,408,403,426,411,414,411,401,408
VGG – 19(裁剪30%)	43,46,97,89,177,184,186,167,346,350,367,364,371,365,349,351
VGG – 19(裁剪40%)	37,39,82,80,148,162,158,138,301,294,313,319,319,313,294,305
VGG – 19(裁剪50%)	34,35,63,63,125,136,132,122,249,245,272,261,265,257,241,251
VGG – 19(裁剪60%)	24,31,51,52,99,111,99,93,202,201,225,213,213,208,186,193
VGG – 19(裁剪70%)	20,26,37,38,76,78,82,67,160,155,164,160,154,152,138,144
VGG – 19(裁剪80%)	14,21,24,25,49,57,63,42,109,97,102,93,102,111,88,103
VGG – 19(裁剪90%)	8,13,9,11,23,30,33,19,45,47,55,49,55,55,37,61

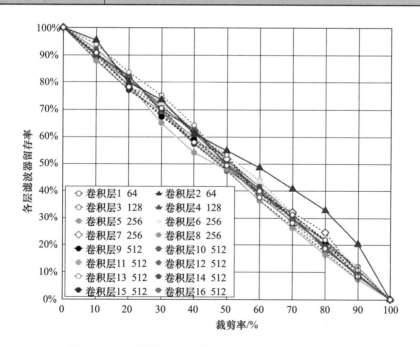

图2.23 不同裁剪比例下神经网络各卷积层的留存比例

2.4　本章小结

本章首先对深度卷积神经网络的模型结构和参数寻优方法进行梳理与分析,论述了基于深度神经网络的监督学习算法的适用条件,分析了自然图像与雷达回波的数据差异性。随后,提出了基于尺度因子的重要性评估方法,用于对网络模型各结构的贡献度和冗余性进行量化。接下来,以尺度因子作为约束项,以机器视觉中的经典网络为模型,进行光学图像向雷达数据的稀疏迁移,在参数寻优的同时明确网络的可裁剪区域。最后,以尺度因子的数值为依据,对迁移网络进行剪枝和微调。我们将所提方法用于超宽带雷达人体回波数据的识别,所提的迁移方法能够在保证高准确率的前提下,大幅减少原始网络的参数量和计算复杂度。

第3章

基于对抗迁移的无监督行为分类

上一章探讨了如何利用稀疏迁移算法应对大数据依赖性和计算复杂性问题,但该问题的解决是基于雷达训练集和待分类雷达回波满足同一数据分布的前提。此外,神经网络的参数更新依赖于目标领域(任务场景中的雷达回波)的标注数据。在实际应用场景中,目标领域的数据分布特性并不总能事先知晓,如果缺乏有标注的训练数据,目标领域的分类任务将演变为无监督分类,已有迁移模型将面临欠适配问题,分类性能将急剧下降。本章针对目标领域标注缺乏的问题进行研究,通过3种人体运动散射模型的仿真进行源领域数据集的构建,针对源领域和目标领域的数据分布不一致问题,提出了基于对抗迁移的分类算法。通过将人体运动仿真回波和实际系统观测数据映射到统一的特征空间,减小了不同数据集的数据分布差异性,提高了卷积神经网络在行为识别任务中的泛化性能。

在雷达人体行为探测中,基于ImageNet等大型数据集的神经网络预训练,其本质上是一种参数的初始化方式,模型参数的最终确定仍然需要借助有标注的训练数据进行有监督学习。该类神经网络的迁移方式,虽然可以节省训练时间,降低数据依赖性,但它的前提条件是监督学习过程中的训练样本和测试样本都服从相同数据分布。本书第2章的研究中,网络的迁移训练仍然需要借助实际雷达回波数据完成最后的参数调整。若场景中带标注数据无法事先获取,则前述方法将无法采用。因此,需要研究无监督框架下卷积神经网路的跨域迁移问题。

本章针对的问题是:源领域和目标领域的数据分布不一致,源领域数据含有标注信息,数据量充足;目标领域的数据不含标注信息。主要解决思路是研究不同数据域的深度网络特征表示方法,借助不同领域之间数据分布的相关性提高网络模型在目标领域的预测性能。涉及的关键问题是:如何对源领域和目标领域的数据分布差异性进行衡量;如何设计特征表示方法,使得不同数据域的分布差异最小化。

为了解决上述问题,早期研究工作将基于核函数的最大均值差异[137](Maximum Mean Discrepancy,MMD)作为衡量标准,并在已有网络中添加自适应层进行目标领域和源领域的数据分布自适应。假设迁移学习的目标函数为 ℓ,计算过程采用如下算式:

$$\ell = \ell_c(\mathcal{D}_s, y_s) + \lambda \ell_A(\mathcal{D}_s, \mathcal{D}_t) \tag{3.1}$$

式中:ℓ_c 为交叉熵函数;$\mathcal{D}_s$ 为源领域数据集;y_s 为源领域数据的标注信息;λ 为权重系数;ℓ_A 为领域自适应损失函数;$\mathcal{D}_t$ 为目标领域数据。

但是,该类工作预设的核函数不能保证为分类模型的最优配置(通常只能拟合局部非线性)。此外,对于网络层数相对较浅的雷达回波识别网络,额外自适应层的引入会显著增大参数量,提高网络整体的训练难度。

受到生成对抗网络的启发,对抗训练机制开始在迁移模型中使用。图 3.1 所示是对抗迁移的实现流程图,该方法不再采用基于核函数的 MMD 去衡量不同领域的数据差异性,而是引入新的全连接层作为领域鉴别器,用于识别输入数据的领域来源。整个迁移训练过程通过两个有监督学习来实现,目标函数为

$$\ell = \ell_y(\mathcal{D}_s, y_s) + \lambda \ell_d(\mathcal{D}_s, \mathcal{D}_t) \tag{3.2}$$

式中:$\ell_y(\mathcal{D}_s, y_s)$ 是对源领域的数据类别分类;$\ell_d(\mathcal{D}_s, \mathcal{D}_t)$ 是对源领域和目标领域的数据领域分类。在梯度更新过程中,通过最小化源领域的分类误差 ℓ_y 和最

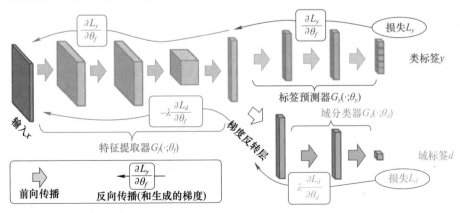

图 3.1　采用对抗机制的领域迁移网络[97]

大化领域鉴别误差 ℓ_d，同步实现样本类别划分和不同领域数据的共享特征学习。

需要指出的是，上述方法的目标分类和领域鉴别过程是高度耦合的，对抗机制的使用也相对初步，只是在一个更新过程中以梯度值的正负来区分不同代价函数。整个迁移学习过程中，已有方法只对特征提取器进行了优化，期望寻求不同领域共有特征的学习。本章提出了基于对抗迁移的无监督行为分类算法，综合考虑不同数据集共享特征的融合和相异特征的保留，由此实现了人体仿真数据和实际雷达观测数据之间，以及不同观测场景之间的领域对抗迁移，提高了不同杂波分布和信噪比环境下的识别性能。

在内容安排上，3.1 节介绍基于运动散射模型的数据集构建，分别介绍了基于红外动捕系统、Kinect 传感器、单目光学传感器的回波建模方法。3.2 节对基于对抗网络的迁移方法进行具体阐述，该方法包括源领域下卷积神经网络的有监督训练、跨领域特征的对抗博弈学习、目标域数据的分类识别 3 个环节。3.3 节对实验设计与结果进行分析，对基于对抗迁移的无监督人体分类算法进行了实际验证。

3.1　基于运动散射模型的源领域数据集构建

人体运动建模目前广泛应用于运动医学、康复学、计算机图形学等领域，结合人体运动模型建立相应的人体雷达散射模型，可以用于雷达领域的人体目标分析。运动散射模型分为参数化模型和非参数化模型两类，参数化模型的研究起步较早，采用的是基于经验得到的运动学方程，但建模运动类型具有局限性；非参数化模型是通过对实际场景下的人体关节点进行录取，可分析的运动类型更加多元。本书采用非参数化模型，利用不同类型传感器录取的数据进行源领域数据集构建。

3.1.1　基于激光动作捕捉系统的微多普勒数据集构建

激光动作捕捉系统可以对人体的运动过程进行高精度录制。图 3.2 所示为一套典型的激光动作捕捉系统，该系统包括定位镜头和穿戴式采集设备。采集过程中，定位镜头分散架设在观测区域四周并向观测区域发射激光扫描信号，实验人员穿着带有信号采集点的装置在观测区域内活动,装置的各采集点覆盖人体的主要关节位置。通过记录信号在定位镜头与采集点之间的传输时长可以测算出对应人体关节点的实时空间位置。录制过程中,实验人员做出不同类型的动作,运动捕捉系统即可记录相应时刻的人体动态信息。

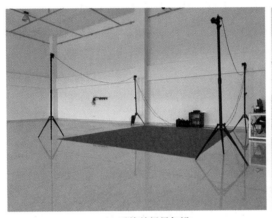

(a) 系统的场景架设　　　　　　(b) 系统的穿戴设备

图 3.2　激光动作捕捉系统

卡耐基梅隆大学图像实验室采用该动作捕捉系统录制了多种人体行为的运动过程,并公开了有关数据[42]。该数据集选取了 31 个人体主要关节点的位置进行记录,是人体行为分析的重要数据来源。图 3.3 为人体散射模型的

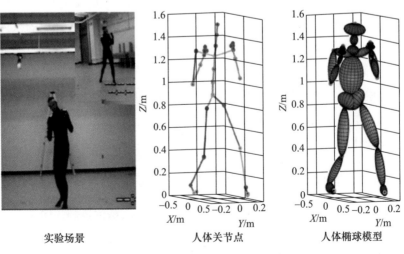

实验场景　　　　　　人体关节点　　　　　　人体椭球模型

图 3.3　基于运动捕捉数据的人体运动散射模型建立过程

建模过程,通过调用该数据集的人体关节信息可以建立人体三维骨骼结构,然后采用椭球体模型,以相邻关节点连线作为椭球体的半轴长,将肢体进行椭球体近似,由此得到人体椭球模型。运动人体回波仿真模型,根据各关节点与雷达的距离变化确定回波时延信息,根据椭球体的雷达散射截面积确定回波幅值信息。

图 3.4 所示为人体椭球模型采用的椭球体,假设椭球体的中心点坐标为 (x_0, y_0, z_0),椭球体沿 x、y、z 坐标轴的半轴长分别为 a、b、c,俯仰和水平观测角度分别为 θ 和 φ,则单个椭球体的数学表达式和对应的椭球体雷达散射截面积 σ 为

$$((x-x_0)/a)^2 + ((y-y_0)/b)^2 + ((z-z_0)/c)^2 = 1 \tag{3.3}$$

$$\sigma = (\pi a^2 b^2 c^2)/(a^2 \sin^2\theta \cos^2\phi + b^2 \sin^2\theta \sin^2\phi + c^2 \cos^2\theta)^2 \tag{3.4}$$

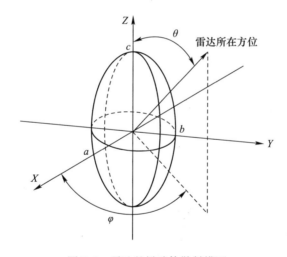

图 3.4 雷达的椭球体散射模型

令半长轴 a 与 b 相等,散射截面积计算式(3.4)可简化为

$$\sigma = \pi b^4 c^2/(b^2 \sin^2\theta + c^2 \cos^2\theta)^2 \tag{3.5}$$

设雷达发射一系列脉冲信号,$p(t)$ 表示单脉冲信号的包络特性,脉冲重复间隔为 T_r,信号中心频率为 f_c,则 M 个脉冲串的发射信号 S_t 为

$$S_t = \sum_{m=0}^{M-1} p(t - mT_r) \mathrm{e}^{\mathrm{j}2\pi f_c t} \tag{3.6}$$

对应椭球体的反射信号 S_r 可以表示为

$$S_r = \sum_i \alpha_i S_t(t - \tau_i(t)) \tag{3.7}$$

式中：α 表示接收信号强度；τ 表示回波时延，第 i 个椭球体的信号强度 α_i 可根据雷达方程由下面第一个式子计算得到，与之对应的回波时延 τ_i 可根据下面第二个式子进行计算：

$$a_i = \lambda \sqrt{P_t G_t G_r \sigma_i} / ((4\pi)^{1.5} R_i^2 \sqrt{L_s} \sqrt{L_a}) \tag{3.8}$$

$$\tau_i(t) = 2(R_{0,i} - v_i t)/c \tag{3.9}$$

式中：P_t 是雷达信号发射功率；G_t 是雷达天线系统发射增益；G_r 是雷达天线系统接收增益；σ 是目标散射截面积；R 是目标散射中心与雷达的径向距离；L_s 是雷达系统损耗；L_a 是大气传播损耗；R_0 是目标与雷达的起始时刻径向距离；v 是目标运动速度；c 是光传播速率。通过各椭球体的回波累加即可得到人体的运动散射回波，再通过短时傅里叶变换（式（2.11））即可得到人体微多普勒时频谱。

图 3.5 所示为根据运动捕捉数据库得到的微多普勒时频谱，雷达工作带宽设定为 3.1~4.8GHz，脉冲重复频率为 300Hz。在数据集构建过程中，可以通过改变雷达观测位置、雷达系统参数等设置，从运动捕捉数据库中生成多样化的雷达人体行为回波，为后续用于对抗迁移的源领域数据提供大量标注样本。

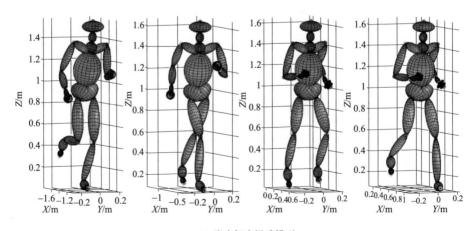

(a) 跑步行为椭球模型

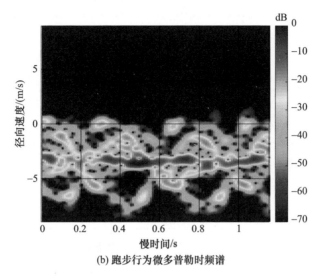

(b) 跑步行为微多普勒时频谱

图 3.5 基于运动捕捉数据库的微多普勒时频谱

3.1.2 基于 Kinect 传感器的数据域构建

基于动作捕捉系统的源领域数据生成方法,虽然可以对人体运动精确建模,却存在系统购置成本高昂、相关数据集有限等缺点。一套完整系统的购置通常需要数百万元,因此,大多数研究人员主要使用少数实验室的公开数据进行实验,实验场景、实验人员、实验动作具有很大的局限性,无法灵活做出调整。基于 Kinect 的源领域构建方式可以有效弥补上述缺陷。

Kinect 三维体感摄像机是微软公司在 2009 年 E3 游戏展推出的一款人机互动的体感游戏外设。它的感知系统(图 3.6)包括光学摄像头、深度摄像头和传

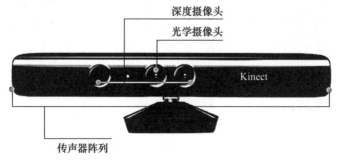

图 3.6 Kinect 传感器

声器阵列,可以获取视频信息、深度信息,进行人体骨骼跟踪,系统的性能参数如表 3.1 所列。

表 3.1　Kinect 性能参数

类别	参数
分辨率	320×240
更新率	30f/s
人体姿态数量	2 人(最大)
检测关节数	20 个/人
检测范围	0.8~4.0m
水平角度	57°
垂直角度	43°

利用 Kinect 系统进行人体数据集构建具有以下优势:一方面,基于 Kinect 的行为数据库的种类较多、数据丰富;另一方面,一套 Kinect 系统只需要几千元,显著降低了系统的购置成本,研究人员可以自行录取所需数据。基于 Kinect 的运动散射模型建模方法与前面的方法相似,也是通过椭球体对肢体进行近似(图 3.7),根据椭球体模型计算各个采样时刻的雷达回波幅度和时延特性。对各个椭球体的雷达回波进行累加得到人体的运动散射回波,通过时频分析得到相应的微多普勒时频谱。两者的区别是:由于 Kinect 可跟踪的人体关节点数为 20 个,少于动作捕捉系统的关节点,因此人体模型所需的椭球体个数需进行相应调整。图 3.8 所示为根据 Kinect 系统观测数据得到的人体微多普勒时频谱。

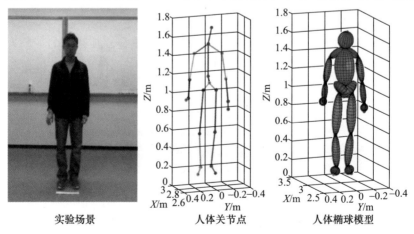

实验场景　　　　人体关节点　　　　人体椭球模型

图 3.7　基于 Kinect 系统的人体运动散射模型

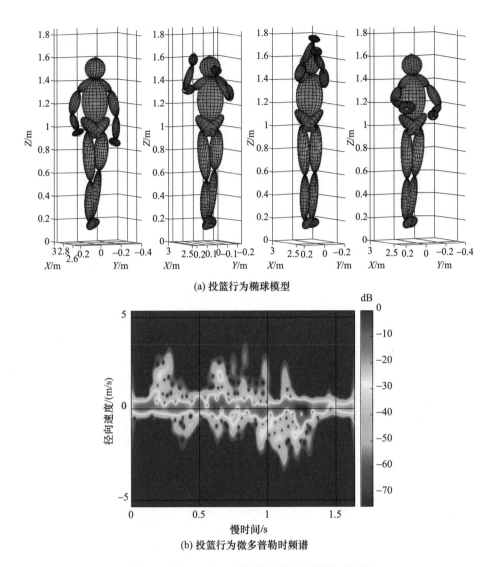

(a) 投篮行为椭球模型

(b) 投篮行为微多普勒时频谱

图 3.8 基于 Kinect 系统的人体微多普勒时频谱

3.1.3 基于单目光学传感器的数据域构建

基于 Kinect 的数据录取主要针对室内场景,距离范围和角度范围都有相对严格的限制(表 3.1)。实际上,目前最为通用的环境感知方式是基于光学成像,并且海量的图像信息和视频信息也正是推动深度学习等人工智能方法加速发展的重要条件。基于视频图像进行人体微多普勒数据仿真,可进一步降低数据获取成本,丰富源领域的标注数据样本。

利用光学传感器数据进行微多普勒建模的难点是:大多数基于视频图像的观测信息只包括肢体的二维坐标(方位向和高度向),缺乏场景的深度信息(距离向信息)。微多普勒效应虽然反映的是各肢体的一维变化规律,但是该数据的生成需要根据目标和雷达的三维坐标。缺乏深度信息的视频图像分析结果无法直接用于微多普勒的计算。因此,微多普勒建模的关键是对视频图像中的肢体进行三维坐标估计。

对图像信息的三维坐标进行估计,需要理解和应用光学成像原理(图3.9)。相机等拍摄的图像信息是物体在真实三维世界的平面映射,成像过程包括四类坐标系的转换。首先,将目标在世界坐标系的三维坐标通过旋转和平移转换为以相机为原点的相机坐标系;其次,通过中心投影法和畸变校正将相机坐标转换为二维图像坐标系;最后,经过平移变换,从图像坐标系转换为像素坐标系。

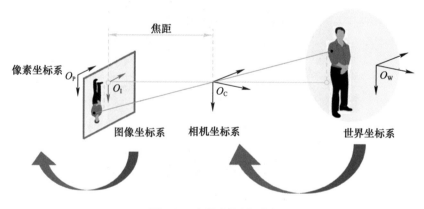

图3.9 光学成像原理图

结合机器视觉领域的研究成果,三维人体姿态估计可以解耦成两个环节:首先,根据人体平面图像进行关节点的像素坐标估计;然后,根据二维像素坐标值,对相机坐标系下的三维坐标进行估计。

(1)基于视频图像的像素坐标估计。目前,基于视频图像的二维坐标估计研究已经相对成熟,通过采用卷积神经网络等深度神经网络模型可以对画面中的人体二维关节坐标进行较为精确的估计。二维坐标的估计属于回归问题,网络的输入值为图像坐标,输出值为长度固定的二维矩阵(矩阵的每一行对应关节点的二维坐标）。本书中,采用级联金字塔网络[138]作为二维姿态估计网络,该网络具有实时性强、精度高的特点,并支持多人的姿态估计。

（2）基于二维坐标的三维姿态估计。该估计过程中,人体关节的二维坐标 $x \in \mathbf{R}^{2n}$ 为网络输入值,网络输出值为 $y \in \mathbf{R}^{3n}$,三维姿态估计网络的设计思路是优化网络 $f*$ 使得对于输入的 N 个关节点,三维估计坐标与真实值的均方差 $\mathcal{L}$ 最小,计算表达式为

$$f^* = \min_f(1/N)\sum_{i=1}^{N}\mathcal{L}(f(\boldsymbol{x}_i) - \boldsymbol{y}_i) \qquad (3.10)$$

由于函数 f 是非线性映射,因此采用多层神经网络进行映射关系的学习。本书采用全连接神经网络作为三维关节估计网络[139]。该网络结构如图3.10所示,输入数据为二维图像的关节坐标信息,通过全连接层（图中记作 Linear,输出通道为1024）、批归一化（Batch Norm）、非线性激活（RELU）、随机失活（Dropout）等操作过程进行处理。网络的传播过程采用了 ResNet 网络中的残差结构,即网络模块的输出结果与原有输入数据进行相加（图中的加号标记处）,进一步提高了信息传递效率。最终,在网络的输出端得到了人体的三维关节点坐标。

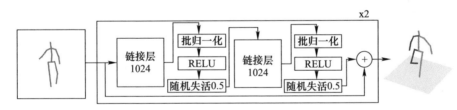

图3.10　用于三维关节信息估计的网络结构图[139]

通过上述处理过程,完成基于单目光学传感器的三维人体关节估计,结合该坐标估计值即可完成人体散射模型和微动数据的建模仿真。图3.11所示为运动视频的单帧画面截图和根据该帧画面建立的人体散射模型。视频画面依次经过像素坐标估计、三维姿态估计,得到17个关节点的三维坐标,然后将相邻关节点的连线作为椭球体的长轴,经过椭球体建模完成人体运动模型的绘制。将多帧画面中的人体三维建模结果进行散射强度和回波时延的计算,由此得到人体散射回波。

图3.11（a）对应 Human3.6M 数据库中的单人行走建模,图3.11（b）对应单人花样滑冰建模,图3.11（c）对应单人跳舞建模。由图可知,该建模方式可以获

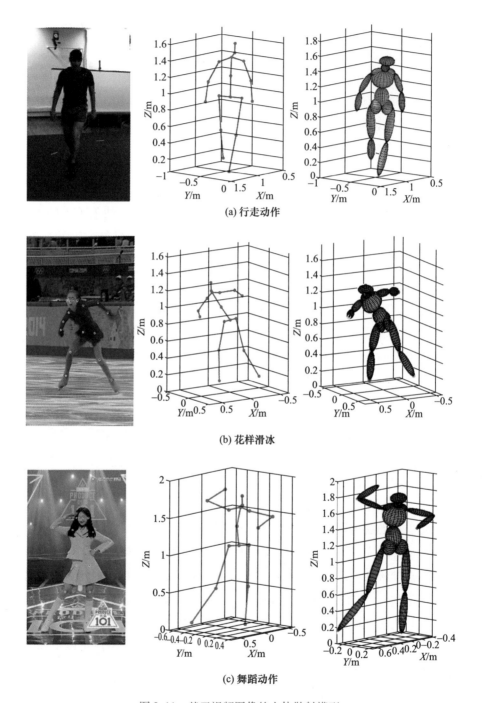

(a) 行走动作

(b) 花样滑冰

(c) 舞蹈动作

图 3.11 基于视频图像的人体散射模型

取人体的三维椭球模型,但估计精度有待提高。图3.11(c)中人员穿着长裙、高跟鞋,造成相应关节点估计位置存在偏差,影响了椭球模型中的下肢比例关系。此外,现有光学图像估计方法较难对手部位置精确定位,由此造成椭球模型中人员右手位置与实际情景存在偏差。因此,若要提高该方法的建模准确度,后续的研究需要紧跟机器视觉的研究进展,提高光学图像中人体关节位置的估计精度,关注人员服饰等因素对估计效果的干扰。

3.2 基于对抗网络的源领域特征迁移

通过运动散射模型得到的人体行为仿真回波可以提供丰富的有标注数据样本用于特征提取和分类算法设计。需要注意的是,运动散射模型采用椭球体近似且没有考虑肢体遮挡效应的问题造成了仿真数据与实际回波数据之间的差异性。基于运动建模数据训练得到的模型不能直接用于实际观测数据的分类识别,因此,需要采用迁移算法对不同领域的数据进行特征迁移。

此处面临的问题是:源领域数据(基于运动散射建模的仿真数据)数目充足且有标记信息;目标领域(雷达系统在特定场景下的观测数据)的数据没有标记,有待识别;源领域和目标领域的类别空间相同,需要借助源领域数据进行目标领域的数据分类。

受到生成式对抗网络(Generative Adversarial Network,GAN)的对抗博弈方法启发,上述问题的解决可采用对抗迁移的思路。生成式对抗网络由数据生成器和领域鉴别器两个子网络组成,生成器的目的是生成与实际数据尽可能相似的"赝品",使领域鉴别器无法区分数据来源;领域鉴别器的目的是辨认数据的真伪,识别出生成器伪造的样本;两个子网路相互对抗和迭代优化,最终生成以假乱真的数据。以此类推,在对抗迁移中,可设计特征提取器和领域鉴别器两个子模块,特征提取器用于学习源领域和目标域的特征,学习的目的是使领域鉴别器无法区分特征所属的数据领域;领域鉴别器用于分辨特征的领域来源,尽力不被特征提取器所迷惑。通过相互博弈和迭代优化,最终达到平衡点,从而最大化不同领域的共享特征,实现领域之间的特征迁移。

3.2.1 生成式对抗网络

生成式对抗网络是一种无监督的数据生成算法,通过两个子网络的相互博弈,生成以假乱真的数据样本。从 2014 年由 Ian Goodfellow 提出[140]至今,生成式对抗网络的研究进展迅速,目前 DeepMind 团队提出的 BigGAN[141]显著提升了生成图像的图像背景和纹理效果,达到了真假难辨的程度。实际上,图片的生成是对所拟合的数据分布进行采样,图像生成的效果取决于生成式对抗网络对数据分布特性的拟合准确度。

生成式对抗网络的工作原理如图 3.12 所示,假设满足一定概率分布(如高斯分布)的随机数 z 经过生成器 G 生成数据 x,x 的概率分布为 $P_G(x)$。生成器 G 希望通过参数优化使得 D 与真实数据的概率分布 $P_{data}(x)$ 尽可能一致,其目标函数为

$$G^* = \mathrm{argmin}_G \mathrm{Div}(P_G(x), P_{data}(x)) \tag{3.11}$$

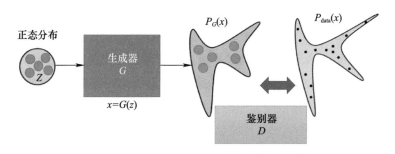

图 3.12　生成式对抗网络的工作原理图

由于 $P_{data}(x)$ 的概率分布特性未知,无法求取式(3.11)的解析解,因此引入鉴别器 D,用鉴别器的输出值衡量 D 与 $P_{data}(x)$ 的差异性。此处的鉴别器 D,本质上是一种二分类网络,用于对数据来源(数据是生成的还是真实存在的)进行预测,其优化函数采用交叉熵。取交叉熵的负值作为目标函数,目标函数的表达式为

$$\mathrm{Loss}(G, D) = E_{x \sim P_{data}}[\log D(x)] + E_{z \sim z}[\log(1 - D(G(z)))] \tag{3.12}$$

通过最大化该函数即可优化鉴别器 D:

$$D^* = \mathrm{argmax}_D \mathrm{Loss}(G, D) \tag{3.13}$$

鉴别器 D 达到最优时,式(3.12)约简为

$$\text{Loss}(G,D^*) = -2\log2 + 2\text{Div}_{\text{JS}}(P_{\text{data}} \mid P_G) \qquad (3.14)$$

从中可以看出,当基于二分类网络的鉴别器取得最优解时,$P_G(x)$ 与 $P_{\text{data}}(x)$ 的分布差异性可以衡量,差异值是 $P_G(x)$ 与 $P_{\text{data}}(x)$ 的 JS 散度(Jensen – Shannon Divergence)$^{[142]}$。生成对抗网络的优化过程即是最小化生成数据与真实数据的 JS 散度。将式(3.11)与式(3.13)合并,可以写为统一的目标函数表达式:

$$G^* = \arg\min_G \max_D \text{Loss}(G,D) \qquad (3.15)$$

由式(3.15)可知,生成器的优化过程中,鉴别器使数据分布的差异最大化,而生成器使数据分布的差异最小化,通过生成器和鉴别器的博弈对抗,最终达到纳什均衡点,实现对真实数据分布的精确拟合。

3.2.2 对抗迁移框架

将生成式对抗网络的学习算法进行拓展,可以解决跨领域的数据特征迁移问题。实现思路如下:首先,基于源领域数据完成卷积神经网络的有监督训练。其次,将训练完毕的卷积神经网络拆分成特征提取器和分类器两个模块,源领域数据经过特征提取器得到的中间结果作为待拟合的数据分布;引入领域鉴别器和生成器,以目标领域的数据作为输入值,送入生成器用于得到与待拟合的数据分布一致的输出值,生成效果由领域鉴别器进行评定;通过生成器和领域鉴别器的对抗学习不断提高拟合效果。最后,将生器和原卷积神经网络的分类器串联,即可用于目标域数据的分类识别。

与上述表述相对应的数学问题是:假设源领域数据集为 X_s,相对应的类别信息为 Y_s,目标域数据集为 X_t,用于有监督训练的神经网络由特征提取器 M_s 和分类器 C 构成。领域鉴别器为 D,生成器为 G,即

$$\min_{M_s,C} \mathcal{L}_{\text{cls}}(X_s,Y_s) = -\mathbb{E}_{(x_s,y_s)\sim(X_s,Y_s)} \sum_{k=1}^{K} \mathbb{I}_{[k=y_s]} \log C(M_s(x_s)) \qquad (3.16)$$

$$G^* = \arg\min_G \text{Div}(P_t(G(x_t)), P_s(M_s(x_s))) \qquad (3.17)$$

$$\text{Loss}(G,D) = E_{x_s\sim X_s}[\log D(M_s(x_s))] + E_{x_t\sim X_t}[\log(1-D(G(x_t)))] \qquad (3.18)$$

$$G^* = \arg\min_G \max_D \text{Loss}(G,D) \qquad (3.19)$$

特征提取器 M_s 的参数更新过程如式(3.16)所示,训练完成的 M_s 用于源领域数据的特征提取。生成器通过式(3.17)进行参数更新,目的是令基于目标域

数据集 X_t 的输出值与源领域数据的特征分布差距最小。由于缺乏源领域特征分布的先验知识,需要借助鉴别器 D,以鉴别器的二分类误差最小化实现特征分布差异性 Div 的衡量。分类误差的计算过程采用式(3.18),生成器的优化采用式(3.19)。

从上述分析可知,对抗迁移的核心目的也是实现数据分布的拟合,这与生成式对抗网络是一致的:由于缺乏待拟合数据的先验知识,也需引入鉴别器 D 衡量数据分布的差异性。两种方法的区别是:生成式对抗网络的输入是满足一定概率分布的随机值 z,对抗迁移的输入值是目标领域的数据 x_t;生成式对抗网络的目标是拟合真实数据的概率分布 $P_{data}(x)$,对抗迁移的目标是拟合源领域数据的特征分布 $P_s(M_s(x_s))$。

3.2.3 对抗迁移算法

对抗迁移算法的实现流程如图 3.13 所示,整个过程分成 3 个环节:源领域上卷积神经网络的有监督训练;跨领域特征的对抗博弈;目标域数据的分类识别。

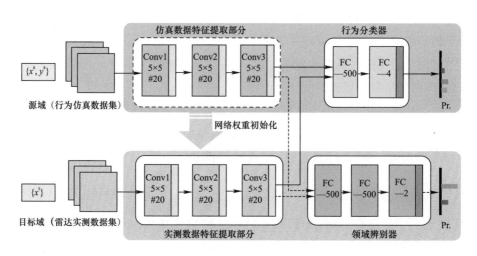

图 3.13 对抗迁移算法的实现流程

(1)源领域上卷积神经网络的有监督训练。源领域的数据是基于运动散射模型(见本书 3.2 节内容)得到的仿真雷达回波,数据量充足且有标注信息,因此可以在源领域通过监督学习的方式完成卷积神经网络的优化,该步骤如图 3.14 所示。为了便于性能比较,卷积网络的组成结构依照文献[58]的网络结构,采用3个卷积层和两个全连接层依次串联,每个卷积核的尺寸均为5×5,卷积核的数量为20,三层卷积的串联结构可以作为特征提取器,后接的两层全连接层作为分类器用于特征的类别判定。网络训练过程以交叉熵作为目标函数,通过式(3.16)完成网络参数的优化更新。

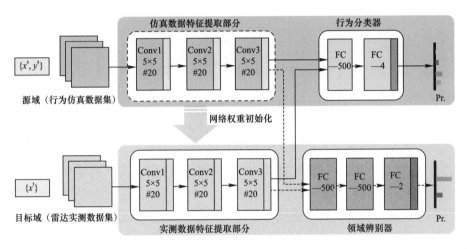

图 3.14　步骤 1 源领域上卷积神经网络的有监督训练

（2）跨领域特征的对抗博弈。如图 3.15 所示,目标域特征提取器(图中绿色)采用与源域特征提取器(图中蓝色)相同的网络结构。由于缺乏目标域样本的标注信息,该三层网络的权值无法直接通过监督学习予以确定。对抗博弈的目的是在仅利用源域有标注数据和目标域待标注数据的条件下,优化网络的权值。该优化过程引入了领域辨别器(图中绿色),该鉴别器采用了三层全连接网络,等同于生成式对抗网络中的辨别器,用于对特征的来源进行判别;目标领域特征提取器等同于生成式对抗网络中的生成器,用于拟合源领域的特征分布。

学习过程中,首先根据源域特征提取器的网络权值进行目标域特征提取器的网络权重初始化;然后固定源域特征提取器的权值,采用式(3.19)对目标域特征提取器进行参数优化。整个运算过程中,网络输入值为源域数据和目标域数据,网络输出值为输入样本的领域鉴别结果(判定输入样本属于源域和目标域的概率)。当对抗达到平衡点时,领域鉴别器很难对输入样本的来源进行准

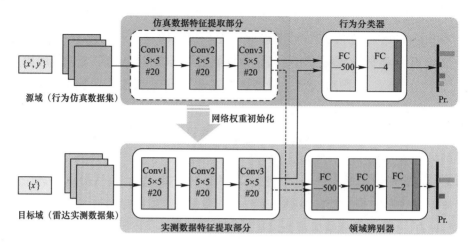

图 3.15　步骤 2 跨领域特征的对抗博弈

确区分,此时目标域特征提取器优化完成,该提取器可以从输入样本中提取源域
和目标域的共享特征。

(3) 目标域数据的分类识别。将目标领域的特征提取器和源领域的分类器
进行串联,此时构成了一个全新结构的神经网络(图 3.16)。该网络的特征提取
器来自于目标域,已在步骤 2 中进行了参数优化;网络的行为分类器来自源域
(由于目标域的特征映射与源领域具有很高的相似性,因此可以对分类器进行
复用),已在步骤 1 中进行了参数优化。将两部分模块的参数进行固定,即可用

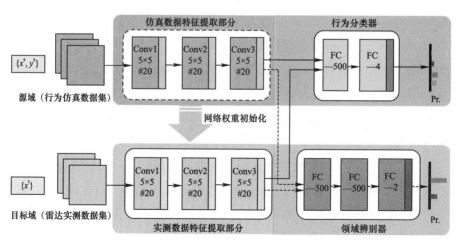

图 3.16　步骤 3 目标域数据的分类识别

于目标域输入数据的分类识别。

值得注意的是,虽然上述步骤对共享特征具有较好的迁移效果,但也会存在部分目标域样本因为与源域差距过大,仅依靠共享特征无法获得较好分类效果。此时可以对行为分类器引入 Dropout 操作[143],对目标域特征提取器的权值进行微调。具体过程是:在行为分类器的全连接层中加入 Dropout,目标域样本经特征提取器先后两次送入分类器,由于 Dropout 的引入,两次分类结果会存在一定差异性,用 KL 散度(Kullback – Leibler Divergence)[144]计算两次结果差异性,再微调目标域特征提取器使 KL 散度最小化。

综合以上 3 个步骤,可以在没有目标域标注信息的条件下,借助不同领域(雷达仿真数据对应的源域和雷达实测数据对应的目标域)之间的对抗迁移,实现对雷达实测数据的无监督分类。

3.3 无监督行为分类实验结果及分析

本节以运动散射模型仿真得到的雷达回波作为源域数据,以待分类的实际观测数据作为目标域数据,对本书提出的对抗迁移方法进行实验验证和性能分析。

3.3.1 实验数据

实验中待分类的人体行为共 6 类,分别为挥拳、跳跃、跑步、原地站立、俯身、原地挥手。源领域数据集分别来自基于 CMU MoCap[42] 激光动作捕捉数据库和 UTD – MHAD[145] Kinect 运动数据库生成的仿真回波。其中,挥拳、跳跃、跑步和站立四类动作来自 CMU MoCap,俯身和原地挥手来自 UTD – MHAD 数据库。截取的运动数据时长均为 2 s,数据观测间隔根据雷达脉冲重复间隔采取插值处理。雷达系统的参数设置是:工作带宽 1.5 GHz,中心载频 4.3 GHz,脉冲重复频率 300 Hz。目标域对应的雷达实测数据集与源领域对应的仿真雷达参数一致。一共有 5 名实验人员参与实验录制,每名实验人员在图 3.15 所示的观测区域内做出上述 6 类行为,每一次行为时长为 2 s,每一类动作重复 30 次。需要说明的是,目标域数据的标注信息仅用于检验方法的分类准确率,不用于模型的训练优化过程,即目标域数据是无类别标注的。两个领域的数据均采用短时傅里叶变换进行时频分析,时频变换选取的窗函数为 Hamming 窗,每一段的重叠样本数为 90% ,傅里叶变换的运算点数为 1024。

源领域和目标领域数据的时频分析结果分别如图 3.17 和图 3.18 所示。可以发现,两类数据的微多普勒特征在肢体可分辨性、同类动作的个体差异性、肢体能量分布特性等方面存在着差异。例如,对于跳跃动作(图 3.17(b)和图 3.18(b)),时频谱中的两个上下峰值是人体双手前后摆动造成的,仿真频谱中尖峰呈上下"V"字形,而实测时频谱的能量分布存在模糊性;对于挥拳动作(图 3.17(a)和图 3.18(a)),仿真数据中的躯干(红色)具有速度起伏,这是由于人员身体存在前后摆动,而实测数据中的人员在动作过程中身体原地站立,躯干相对稳定;对于跑步动作(图 3.17(c)和图 3.18(c)),实测数据仅在躯干一侧有着较强的能量分布,而仿真数据在躯干两侧均有较强的能量,这是由于实测中存在肢体遮挡,造成部分肢体的反射回波不能被雷达有效接收。

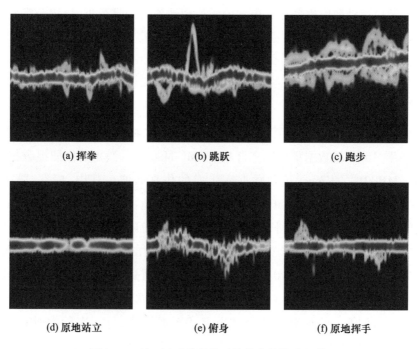

(a) 挥拳　　　　　　　　(b) 跳跃　　　　　　　　(c) 跑步

(d) 原地站立　　　　　　(e) 俯身　　　　　　　　(f) 原地挥手

图 3.17　基于运动散射模型的微多普勒时频谱

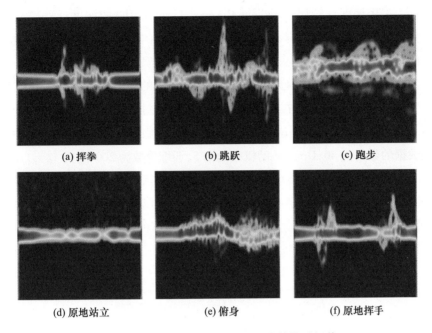

(a) 挥拳   (b) 跳跃   (c) 跑步

(d) 原地站立   (e) 俯身   (f) 原地挥手

图 3.18　基于雷达观测数据的微多普勒时频谱

　　正是由于仿真和实测两个领域数据之间的差异性,基于其中一个领域数据训练得到的分类算法很难直接用于另一个领域的数据分类,常规算法模型的泛化能力因此受到限制。本章提出的基于对抗迁移的领域自适应行为分类方法,即是要克服上述缺陷,提高模型在两个数据域之间的泛化性能。

3.3.2　基准算法和实现细节

　　用于无监督迁移性能对比的算法包括以下几方面。

　　(1) 支持向量机模型(记作 SVM)。所用特征参照文献[49],选取了躯干处多普勒频率、多普勒频移带宽、多普勒频率总偏移量、躯干处多普勒频移带宽、多普勒信号幅值的标准差、肢体运动周期、肢体多普勒频率最大值等作为特征用于分类。

　　(2) 联合分布适配模型(记作 JDA)[146]。该算法是一类经典的迁移学习模型,采用人工特征对不同领域的数据进行概率分布的适配。考虑到该迁移模型使用与 SVM 一致的特征,因此可将 SVM 作为单一领域的基准性能。

　　(3) 卷积神经网络(记作 CNN)。依据文献[58],采用三层卷积神经网络。

（4）采用梯度反转层（Gradient Reversal Layer,GRL）的深度迁移模型[126]。考虑到该模型在单一数据集下即退化为卷积神经网络,因此采用 CNN 作为单一领域的基准性能。

实验所用的源领域样本数目为6000,目标领域的样本数为900,所有样本的维度统一为 128×128。在深度神经网络的训练过程中,采用 Adam（Adaptive Moment Estimation）[129]算法进行参数更新,训练过程的学习率为 0.0001,每一批训练数据的数目为40,Dropout 的概率为 0.5,训练代数为 200 代。

表 3.2 分别给出了两类场景下的平均分类准确率。单一领域是指模型的训练和测试均在仿真数据集下进行。领域迁移是指模型的训练在仿真数据集完成,模型的测试在实测数据集进行,通过两种场景下的性能变化可以分析各类方法的跨领域泛化能力。

表 3.2 无监督领域迁移性能

方法		单一领域	领域迁移	性能变化
基于人工特征的模型	SVM	87.75%	64.26%	-23.49%
	JDA	87.75%	69.06%	-18.69%
基于深度特征的模型	CNN	89.23%	71.05%	-18.18%
	CNN + GRL	89.23%	78.29%	-10.94%
	CNN + ADA（本书方法）	89.23%	83.37%	-5.86%

对比表中的数据可知：

（1）SVM 和 CNN 在领域迁移任务中的性能下降明显,相比于单一领域时的分类性能分别下降了 23.49% 和 18.69% 。这是由于两个模型的参数和分类门限等均为仿真数据集下确定,而实测数据没有提供类别信息,模型参数无法根据实测数据做出相应调整,面对新的数据分布样本,分类性能出现下滑。

（2）GRL 和 ADA 方法均可以提升深度网络在领域迁移中的性能,其分类准确率相对于 CNN 分别提高了 7.24 个百分点和 12.32 个百分点。这是由于除了利用仿真领域的有标注样本,GRL 和 ADA 可以不同程度地利用无标注的实测数据对模型进行进一步地优化,从而提升了模型在实测数据集的表现。

（3）深度特征具有比人工特征更好的迁移性能,本书所提的 ADA 方法在众多方法中的平均分类准确率最高。

下面结合对抗迁移网络的中间结果,对所提方法进一步分析。

图 3.19 是 t – SNE（t – Distributed Stochastic Neighbor Embedding）算法[147]对 ADA 模型的特征可视化。所取特征来自实测样本在第三层卷积层的输出值,不同行为类别（6 类行为简记为 0 ~ 5）的样本用不同颜色的离散点在降维后的特征空间中显示。由图可知,不同类别的行为特征具有较好的集聚性,同类型大多数离散点的相互距离小于与其他类别的距离。这说明,ADA 模型在缺乏实测样本的类别信息时,依然可以将同类别的样本进行较好地聚类,得到具有类内相似性和类间差异性的特征。

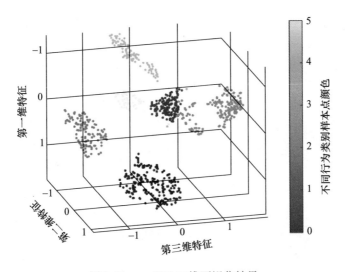

图 3.19 t – SNE 三维可视化结果

图 3.20 所示为领域迁移前后卷积神经网络的梯度可视化[148]对比,其中第一列是网络的输入样本;第二列是未采用对抗迁移时,得到的网络梯度可视化;第三列是采用对抗迁移之后,采用梯度可视化得到的深度网络梯度信息。对比可知,经过领域迁移,网络的梯度可视化结果与输入样本更为吻合,对时频谱中的轮廓包络响应更为强烈（跳跃、跑步、俯身和挥手等四类行为的梯度信息对比更为明显）。因此,经过领域迁移的深度神经网络,能够更好地关注时频谱中的轮廓信息,有助于不同行为的特征分辨。

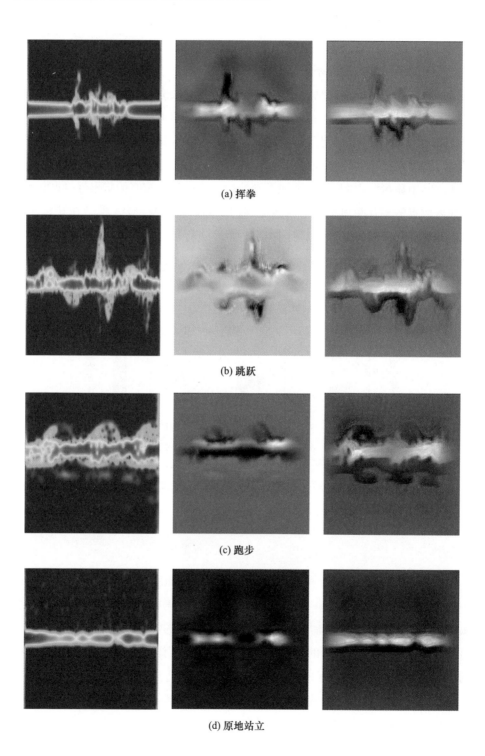

(a) 挥拳

(b) 跳跃

(c) 跑步

(d) 原地站立

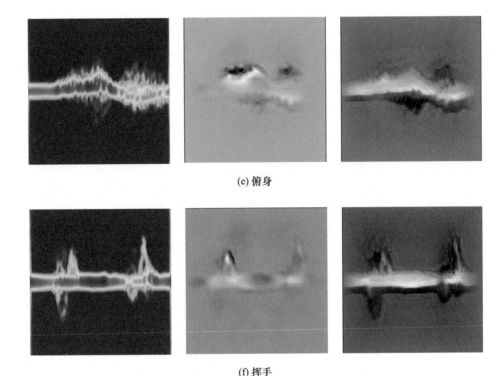

(e) 俯身

(f) 挥手

图 3.20 深度网络模型在领域迁移前/后的梯度可视化结果

3.3.3 参数敏感性分析

为了对所提方法的抗噪性进行验证,我们对实际观测数据引入了高斯白噪声,比较模型在不同信噪比下的分类性能。对实测数据的处理过程是:先采用平均滤波对实际雷达系统的回波数据进行杂波抑制,然后估计回波的信号功率,根据回波功率引入不同信噪比的高斯白噪声。需要说明的是,用于对抗迁移训练的源领域样本(即仿真得到的回波数据)未加入噪声。

本书方法和 GRL 的性能对比如图 3.21 所示,当信噪比(Signal – Noise Ratio)由 15dB 下降到 5dB 时,本书方法的准确率由 84.01% 下降至 49.71% ,性能下降34.3 个百分点。GRL 在相同条件下,分类准确率由 77.13% 下降至 35.29% ,性能下降41.84 个百分点。当信噪比保持在 10dB 以上时,本书方法可保持 80%以上的分类准确率。

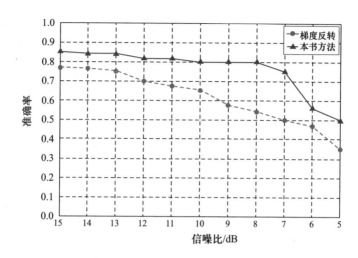

图 3.21　本书方法与 GRL 方法在不同信噪比下的性能对比

3.3.4　泛化性能分析

前述的领域迁移任务是在有标注仿真数据和无标注实测数据之间的模型迁移。实际上,本书提出的对抗迁移方法也可以适用于实测数据之间的迁移,降低由于不同观测情景中杂波分布、人员动作幅度差异等原因造成的识别性能下降。

本小节实验采用英国格拉斯哥大学发布的雷达数据集[72],该系统采用单通道线性调频连续波雷达对人体行为进行录制(雷达系统见图 3.22),雷达的中心频率为 5.8 GHz,信号带宽为 400 MHz,系统扫频时长为 1 ms。

实验采用该数据集中的 December 2017 Datasets(记作 D7D)、June 2017 Datasets(记作 J7D)和 February 2019 UoG Dataset(记作 F9D)3 个子数据集。各子数据集的录制时间、实验环境和实验人员各不相同。其中,D7D 为 2017 年 12 月于房间内录取的 6 类共 360 组人体行为雷达回波,共有 20 名人员参与实验录制;J7D 为 2017 年 6 月录制的 9 名实验人员的雷达回波,共 162 组;F9D 为 2019 年 2 月于实验室录取的 17 名人员合计 306 组数据。3 个子数据集涉及的实验人员每一类动作均重复 3 次,录取的动作类别依次为行走、坐下、起立、俯身捡东西、站立喝水、摔倒。

实验设计如下:D7D、J7D 和 F9D 数据集分别两两组合,作为彼此的训练集

图 3.22 实验采用的线性调频连续波雷达系统[72]

和测试集,由此计算跨实测数据集的分类性能。具体实验设计如下。

(1) D7D 和 F9D 相互作为训练集和测试集。

(2) D7D 和 J7D 相互作为训练集和测试集。

(3) F9D 和 J7D 相互作为训练集和测试集。

考虑到每一个子数据集的样本数量有限,采用的对比方法包括以下几方面。

(1) 三层卷积神经网络。

(2) 基于 ImageNet 数据集的 ResNet - 18 迁移卷积网络[135]。

提出的 ADA 方法以 ResNet - 18 作为基准网络,对相同的网络结构进行对抗迁移。

表 3.3、表 3.4 和表 3.5 分别对应不同实验场景的跨领域分类性能,以 6 类行为的分类准确率平均值作为评价标准。

表 3.3　D7D 和 F9D 数据集的平均分类准确率　　　（单位:%）

方法	D7D→F9D	F9D→D7D
CNN 从零训练[58]	66.44	85.83
ResNet – Transfer[135]	77.78	86.12
ResNet – ADA（本书方法）	85.84	91.94

表 3.4   D7D 和 J7D 数据集的平均分类准确率　　　　（单位:%）

方法	D7D→J7D	J7D→D7D
CNN 从零训练[58]	56.17	71.94
ResNet – Transfer[135]	70.00	75.93
ResNet – ADA（本书方法）	80.25	86.39

表 3.5   F9D 和 J7D 数据集的平均分类准确率　　　　（单位:%）

方法	F9D→J7D	J7D→F9D
CNN 从零训练[58]	69.14	73.68
ResNet – Transfer[135]	78.40	76.32
ResNet – ADA（本书方法）	85.19	76.97

综合表 3.3 至表 3.5 中数据发现:

（1）由于不同数据集之间的差异性,各类方法的分类准确率均相对较低。同时,采用不同数据集训练得到的同一模型,在相同测试集的分类性能也会存在起伏。例如,以 F9D 为测试集,CNN 方法以 D7D 和 J7D 作为训练集时的分类准确率分别为 66.44% 和 73.68% 。正是由于这种数据分布的差异性,对算法模型的泛化性能提出了更高的要求。

（2）基于光学图像的深度迁移网络（ResNet – Transfer）,可在一定程度上应对数据集之间的差异性,相较于浅层 CNN 模型,分类准确率有所提高,相同实验条件下识别性能最多可提高 13 个点（以 D7D 为训练集,J7D 为测试集）。

（3）本书提出的方法可以进一步提升网络模型的泛化性能。6 类场景下,本书方法的分类准确率均为最高,在训练和测试集的数据分布不一致时,依然保持较高的分类准确率。

需要说明的是,个别实验场景如 J7D→F9D,微多普勒时频谱的数据分布差异较大,3 种对比方法的性能较低且差异不大。后续的工作中需要进一步优化数据的特征表征,探究与雷达系统更为适宜的行为表征和识别方法。

3.4   本章小结

本章主要讲解了雷达数据无标注信息时的行为识别问题,详细介绍了基于对抗迁移的无监督分类算法。首先,采用动作捕捉系统录制的关节运动信息进行人体散射模型建模,由此获得数目充足的有标注仿真数据。其次,借鉴生成式对抗网络的实现思路,将无监督分类问题转化为源领域(有标注的仿真数据)和目标领域(无标注的雷达实测数据)之间的跨领域迁移问题。再次,采用交叉熵、JS散度等度量函数对源与目标域的差异进行定量衡量,并据此设计了对抗博弈的训练过程,使特征分布差异最小化。为了进一步提高跨域迁移的模型性能,采用了KL散度和Dropout操作对分类器进行优化。最后,通过雷达实测数据的分类实验,验证了所提方法的有效性和噪声环境下的鲁棒性。此外,通过不同实测数据之间的行为分类实验验证了所提方法面对不同数据分布时的泛化能力。

第4章

基于距离–速度–时间三维点云的行为表征和识别

深度学习技术在雷达领域的研究面临着数据样本有限、特征表征单一的难题。第 2 章、第 3 章针对雷达数据样本有限的问题进行了研究，通过稀疏迁移和对抗迁移提高了雷达系统的有监督与无监督行为分类性能。但是，已有分类性能的提升是借助于更多数据的引入，并没有对雷达数据的特征工程进行针对性设计。实际上，现有深度学习方法通常将雷达回波变换为微多普勒时频谱，然后将其视作一类图像进行分析处理。然而，单通道超宽带雷达系统同时具备速度和距离分辨率，可以提供除微多普勒效应之外的目标距离像和轨迹信息。目前，距离维度的信息在人体行为的表征和识别中的作用并未引起足够关注。此外，大多数行为分类算法是基于闭集框架进行设计，即只能对训练集中已经存在的行为类别进行识别，对不属于训练集类别的异常回波数据无法有效检测，制约了行为识别算法在实际场景中的应用。鉴于此，本章提出了距离–速度–时间三维点云模型，基于三维点云模型进行行为表征和识别，本方法充分考虑了超宽带雷达的距离和距离分辨力，并且使系统能够对异常数据进行检测。

深度神经网络虽然是一种端到端的学习算法，但并不意味着其可以从完全任意的数据形式中进行学习和处理。实际应用中，数据样本在输入网络模型之前均需进行数据形式的转换和特征的选择表达，这部分工作称为特征工程。特征工程的目的是用更加简单贴切的方式表述问题，以简化问题求解的难度。精心设计的特征工程可以有效减少算法模型对于训练数据集的依赖程度，提升处理性能。例如，在语音识别研究领域，考虑到人说话的声高、音色等特征都是声音的频率特性，通常采用梅尔倒谱系数作为音频信号的特征输入深度神经网络。通过将时间序列转化为谱图，在频域对音频信号进行表征，降低数据的复杂性，凸显数据的隐含特征。

基于深度学习的雷达回波处理也遵循同样的思路,将信号以频域(微多普勒时频谱)而非时域(雷达回波)形式进行处理和分析。但是,超宽带雷达系统具有其自身的特殊性,结合雷达信号处理的领域知识可以对特征工程采取进一步的优化设计。具体而言,当单通道超宽带雷达系统的距离单元小于目标物理尺寸时,目标的局部特性得以分辨,雷达具备了距离维的分辨能力。此时,距离维信息应该作为行为特征的一部分用于后续的分析处理。当前,部分研究人员开始注意到了距离信息在行为分类中的作用[149],研究发现摔倒和坐下两类行为的微多普勒特征具有很高相似性而距离信息的差异性更加明显,他们将距离–时间信息和微多普勒时频谱并行送入神经网络进行处理,提高了行为分类准确率。

与上述方法不同,我们采用三维点云模型对雷达回波中的距离、多普勒、时间信息进行联合表征和分析,对人体微动特征进行了全面描绘(图4.1)。研究发现,该方法对多人场景和强噪声环境具有更好的适应性能。针对距离–速度–时间点云模型,我们设计了基于几何深度学习的点云神经网络,该网络可以在非欧空间中对不规则点集进行层次化地处理分析。考虑到现有行

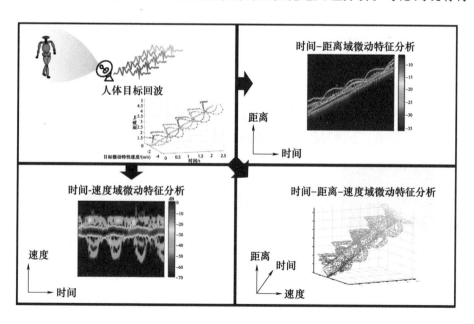

图 4.1 人体雷达回波在时频域的不同处理方式

为识别算法大多是基于闭集框架进行设计,无法对训练集以外的行为类别进行检测,我们采用开集框架进行识别算法设计,使点云神经网络具备对异常样本的检测能力。

在内容安排上,4.1 节介绍基于点云模型的人体行为表征方法,包括雷达回波到点云数据的信号处理过程以及多人场景下的点云分割算法。4.2 节对深度点云网络的建模方法进行具体阐述,该方法包括几何不变性的函数设计和层次化的网络构建。4.3 节介绍开集框架下的点云识别算法。4.4 节对点云表征和识别算法分别进行实验验证。

4.1　基于点云模型的人体行为表征

点云模型最初是用于三维物体的几何特征描述,是计算机图形学中的一种经典模型。本书采用点云模型将人体回波在距离、速度、时间三个维度进行统一表征,而传统二维模型(微多普勒时频谱和距离 – 慢时间二维图像)均可看作点云模型在不同视角下的平面投影。点云模型的建立主要经历"体""面""点"3个环节(图 4.2)。"体"即距离 – 多普勒时间序列,是沿时间维度对雷达回波进行分时距离 – 多普勒处理,然后将各时刻距离 – 多普勒平面进行堆叠;"面"即距离 – 速度 – 时间的散射强度等值面,是采用二维检测器对距离 – 多普勒时间序列进行恒虚警检测,对检测结果进行等值面绘制;"点"即距离 – 速度 – 时间点云模型,是对等值面进行基于最大间隔距离的特征点采样,由此获得点云形式的人体微动模型。下面对各处理步骤进行详细阐述。

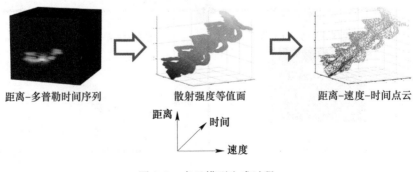

距离–多普勒时间序列　　　散射强度等值面　　　距离–速度–时间点云

距离　　时间　　速度

图 4.2　点云模型生成过程

4.1.1 距离-多普勒的时间序列生成

以固定时间间隔对雷达回波进行距离-多普勒处理,可对该时间内的目标回波在距离-多普勒二维平面进行能量聚焦,再通过能量检测可以获取目标的实时运动状态。对于单通道超宽带雷达,目标反射回波以数据矩阵的形式进行存储和处理。单个反射脉冲如图4.3(a)所示,每一个立方体代表基带信号的一个采样,样本的间隔距离由发射脉冲的带宽决定,近似为脉冲瑞利带宽的倒数。雷达发射周期性脉冲序列时,多个脉冲采样数据以图4.3(b)的形式进行保存,脉冲的重复间隔决定了多普勒的最大不模糊带宽,相参处理的脉冲数目决定了多普勒分辨率。对于窄带雷达动目标检测,单个脉冲的距离压缩可以对目标能量进行聚焦,实现目标距离的测定,多个脉冲在慢时间维度的频域变换可以对多普勒频率进行分析,由此完成目标的运动状态检测。

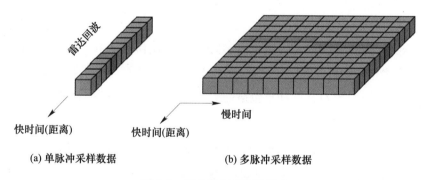

| (a) 单脉冲采样数据 | (b) 多脉冲采样数据 |

图4.3 雷达数据的结构形式

由于超宽带雷达的信号带宽显著增大,各立方体间隔距离显著减小,目标回波能量覆盖多个立方体,从而形成距离向的扩展。在多普勒处理中,距离扩展目标同样会形成多普勒域展宽,在长积累时间内发生距离徙动现象,影响距离-多普勒域的能量聚焦。本书引入 Keystone 变换对固定观测间隔内的回波进行距离徙动校正,增强距离-多普勒域的成像效果。

假设雷达系统的发射信号为周期性脉冲序列,采用如下算式表达:

$$s_t = \sum_{m=0}^{M-1} p(t - mT_r) e^{j2\pi f_c t} \tag{4.1}$$

式中:$p(t)$表示雷达脉冲的复包络;T_r是脉冲重复间隔;f_c是信号载波频率;M是发射信号的脉冲个数;m表示脉冲次序。第m个回波脉冲可以表示为

$$s_r(t_f, m) = \alpha p[(1 + 2v/c)t_f - \tau_0 + 2v/(cmT_r)] \cdot \exp[j2\pi f_c 2v/c(t_f + mT_r)]$$

$$(4.2)$$

式中:t_f为快时间$(t_f = t - mT_r)$;α表示反射信号的能量衰减系数;τ_0是运动目标的起始位置回波延迟;v是目标的径向速度;c为光速。假定目标在一个脉冲时间内保持静止,并用t_s表示慢时间$(t_s = mT_r)$,则式(4.2)可改写为

$$s_r(t_f, t_s) = \alpha p(t_f - \tau_0 + (2v/c)t_s) \times \exp(j2\pi(2v/c)f_c t_s) \quad (4.3)$$

为了防止高距离分辨率造成的目标距离徙动现象,采用 Keystone 变换进行校正,具体过程可分为 3 个步骤。

(1) 沿快时间t_f进行傅里叶变换。回波信号表达式(4.3)变换后得到

$$S_{rx}(f, t_s) = \alpha \exp(-j2\pi\tau_0 f)\exp(j2\pi(2v/c)f_c t_s)\exp(j2\pi(2v/c)f t_s)P(f)$$

$$(4.4)$$

式中:$\exp(-j2\pi\tau_0 f)$对应回波延迟τ_0引起的相位偏移项;$\exp(j2\pi(2v/c)f_c t_s)$对应载频的多普勒频移;$\exp(j2\pi(2v/c)f_c t_s)$对应慢时间t_s内由于目标运动速度v造成的距离徙动;$P(f)$是脉冲复包络的频域形式。将多普勒频移和距离徙动项进行合并,则式(4.4)可改写为

$$S_{rx}(f, t_s) = \alpha \exp(-j2\pi\tau_0 f) \cdot \exp(j2\pi(2v/c)(f_c t_s + f t_s)) \cdot P(f) \quad (4.5)$$

(2) 沿慢时间t_s进行尺度伸缩。令t_s'为慢时间的伸缩项,与t_s满足如下关系:

$$t_s = (f_c/(f + f_c))t_s' \quad (4.6)$$

将式(4.5)与式(4.6)进行联立,对信号重采样得

$$s_{rx}(f, t_s') = \alpha p(t_f - \tau_0) \cdot \exp(j2\pi(2v/c)f_c t_s') \quad (4.7)$$

(3) 沿重采样的慢时间轴进行逆傅里叶变换。得到距离校正后的信号表达式:

$$s_{rx}(f, t_s') = \alpha p(t_f - \tau_0) \cdot \exp(j2\pi(2v/c)f_c t_s') \quad (4.8)$$

经过距离校正的回波信号$s_r(t_f, t_s')$通过距离 - 多普勒处理(每一次距离 - 多普

勒处理的起始时刻为 t_s，相参积累时长为 T_c），得到回波脉冲串的距离 - 多普勒时间序列 $\mathrm{RD}(r,v,t_s)$：

$$S(t_f,f_d,t_s) = \int_{t_s}^{t_s+T_c} s_r(t_f,t''_s)\exp(-\mathrm{j}2\pi f_d t''_s)h_{T_w}\mathrm{d}t''_s \qquad (4.9)$$

$$\mathrm{RD}(r,v,t_s) = S(2r/c,2v/\lambda,t_s) = S(t_f,f_d,t_s) \qquad (4.10)$$

距离徙动的校正效果分别如图 4.4 和图 4.5 所示。图 4.4 为匀速运动的点目标距离校正前/后在距离 - 慢时间和距离 - 多普勒平面的对比。从图中可以看出，通过距离徙动校正，目标在距离 - 多普勒域的聚焦效果得到加强，可以对目标的距离、速度状态进行更为精确的估计。

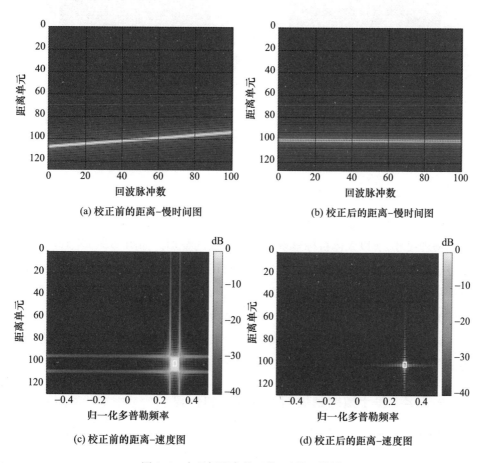

图 4.4   点目标距离校正前/后处理效果

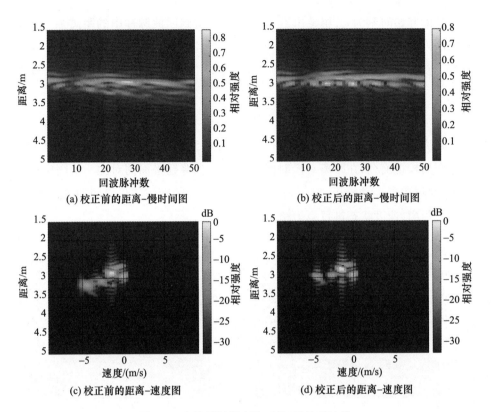

(a) 校正前的距离-慢时间图

(b) 校正后的距离-慢时间图

(c) 校正前的距离-速度图

(d) 校正后的距离-速度图

图 4.5　人体目标距离校正前/后处理结果

图 4.5 为运动人体回波的距离校正前/后对比图。由于雷达距离单元小于目标物理尺寸,所以人体目标呈现为多散射点的叠加。如图 4.5(a)、(b)所示,通过距离校正,目标的多个散射点均可以校正至相近的距离单元内,减少距离模糊。从图 4.5(c)、(d)可知,距离校正可以使得人体目标在距离 - 多普勒域具有更好的分辨性,从而为人体肢体微动特性的分析奠定了良好基础。

经过距离校正处理的多个距离 - 多普勒平面沿时间轴进行叠加,即构成距离 - 多普勒时间序列。

4.1.2　基于散射强度的三维等值面构建

距离 - 多普勒时间序列包括各观测时刻的目标瞬时运动信息。为了对人体行为进行有效表征,需要将距离 - 多普勒时间序列的各时刻信息进行关联。实际上,这种将各时刻人体运动画面进行统一描绘的处理思想也出现在计算机图形学的最新研究中。图4.6所示是麻省理工学院计算科学和人工智能实验室（CSAIL）研究人员提出的MoSculp算法流程[150]，该研究可根据视频画面中的人体运动影像（图4.6(a)）生成三维运动雕塑（图4.6(b)），然后通过背景信息剔除和运动轨迹平滑等操作，最终展现人体姿态的动态变化规律（图4.6(c)），为人体动作的精细化分析提供了一种可视化工具。

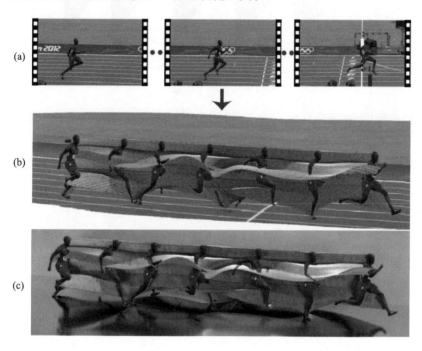

图4.6 MoSculp：对视频图像画面进行时间关联的处理流程[150]

与视频中的人体画面不同，距离-多普勒域只反应了目标的瞬时距离-速度信息和散射强度信息（图4.7），难以直接将同一肢体的运动信息进行时间上的关联。考虑到来自同一目标区域的散射特性在短时间（相邻回波脉冲）内不会发生剧烈变化，因此可以将散射强度作为依据，将相邻回波脉冲内强度相近的区域标记为同一肢体。对相同肢体沿时间轴绘制三维曲面，即可得到距离-速度-时间三维空间内的等值曲面。

首先，确定等值面的取值区间。采用二维平均恒虚警检测器（OS-CFAR[152]）I_D 沿慢时间轴 t_s 对距离-多普勒时间序列 RD(r,v,t_s) 进行检测。图4.8所示为检测过程示意图，该检测器包括3个部分，即检测窗（图中红色区

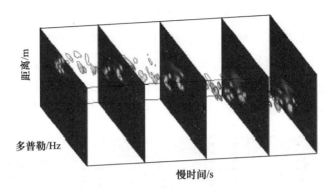

图 4.7 人体目标的距离 – 多普勒时间序列[151]

域)、保护窗(图中黄色区域)、参考窗(图中绿色区域)。每一张距离 – 多普勒图通过检测器的遍历,将静止杂波和运动目标进行分离,通过对目标的散射强度值进行保留,最终可得到距离 – 速度 – 时间三维空间内的目标检测点(如图 4.8 所示,检测点的强度信息用伪彩色进行标识)。令检测得到的有效点集为 $P(r,v,t_\mathrm{s})$,其计算过程为

$$P(r,v,t_\mathrm{s}) = \mathrm{RD}(r,v,t_\mathrm{s}) \cdot I_D(r,v,t_\mathrm{s}) \tag{4.11}$$

令等值面的取值为 $d_\mathrm{max} - d_\mathrm{mean}$。其中,$d_\mathrm{mean}$ 和 d_max 的计算表达式为

$$d_\mathrm{mean} = (1/N) \sum_{t_\mathrm{s}} \left(\max_{r,v} P(r,v,t_\mathrm{s}) - \min_{r,v} P(r,v,t_\mathrm{s}) \right) \tag{4.12}$$

$$d_\mathrm{max} = \max_{r,v,t_\mathrm{s}} P(r,v,t_\mathrm{s}) \tag{4.13}$$

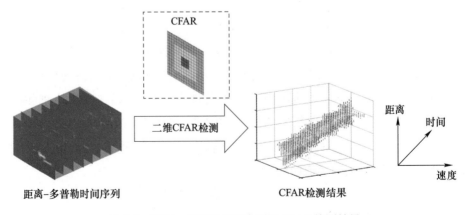

图 4.8 距离 – 多普勒时间序列的 CFAR 检测结果

接下来的处理中,依据等值区间采用 Marching Cube 算法[153]进行等值面绘制。等值面与地形图中等高线的概念类似,均是空间中相近数值的点集连接所构成的封闭集合。先以二维空间内的等值线绘制为例,对 Marching Cube 处理算法进行说明。图 4.9(a)中,等值区域为图中圆形区域,处理目标是绘制图中等值区域的边界轮廓。处理过程中,首先对平面空间进行正方形网格划分,判断正方形顶点的强度值是否位于等值区间内。在图中分别以实心圆和空心圆对顶点处的强度值进行区分。根据 Marching Cube 算法,正方形顶点与等值线的关系可以归纳为 16 种线型组合(图 4.10)。根据正方形各顶点的强度关系,采用图 4.10 中相应的线型对正方形网格内部进行切割,即可得到等值线(图 4.9(b)中红色曲线)。

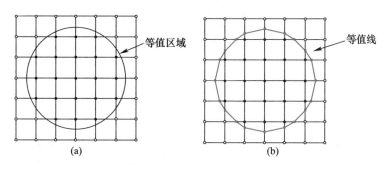

图 4.9　采用二维 Marching Cubes 算法的等值线绘制

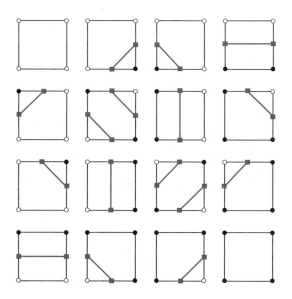

图 4.10　二维 Marching Cubes 的线型集合

同理可知,三维 Marching Cubes 算法的等值面绘制是用立方体对三维空间进行切分,根据立方体顶点对应的强度信息与等值面的数值关系,确定顶点与等值面的空间位置,然后通过立方体的内部平面对等值曲面进行拟合。

对于距离 – 多普勒时间序列 $RD(r,v,t_s)$,其所处的三维空间可划分为立方体。立方体各顶点与等值面 $d_{max} - d_{mean}$ 的数值关系确定了各顶点与等值曲的空间位置。图 4.11 所示是三维 Marching Cubes 的内部线型组合,虽然根据各顶点是否位于曲面内,立方体 8 个顶点有 2^8 种组合方式,但是考虑到立方体的旋转对称性,可约简为图 4.11 中所示的 15 种组合方式[154]。对于等值面与立方体的交点位置可根据立方体顶点的强度信息进行精确。令交点坐标为 V_e,交点所在的边上端点分别为 V_1 和 V_2,对应散射强度值为 d_1 和 d_2(设 $d_2 > d_1$),则交点处的坐标 V_e 为

$$V_e = V_1 + (d_{max} - d_{mean} - d_1) \cdot (V_2 - V_1)/(d_2 - d_1) \tag{4.14}$$

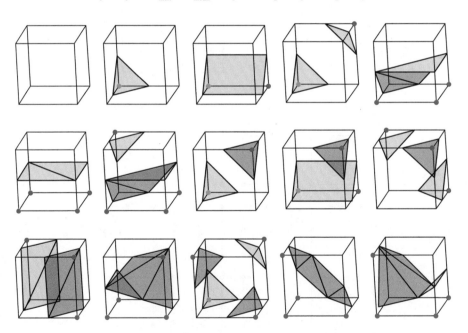

图 4.11　三维 Marching Cubes 的面型集合

图 4.12 所示为距离 – 多普勒时间序列 $RD(r,v,t_s)$ 经过三维 Marching Cubes 算法得到的三维等值面,通过等值面的构建,肢体的动态运动特征在距离 – 速度 – 时间三维空间内得到了强化。

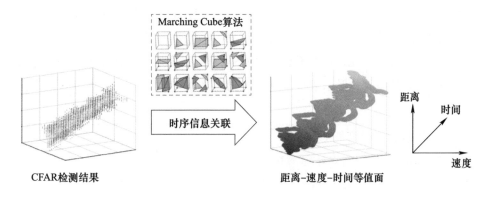

图 4.12 基于散射强度的等值面构建

4.1.3 基于最远距离的特征点采样

三维等值面虽然可以对人体微动的距离-速度-时间特征进行描绘,但是由于三维曲面形态复杂,对该模型进行定量描述所需的参数庞大,数据处理的复杂度高。以常见的几类人体行为回波(雷达参数设置参见4.4节)为例,对观测时长为2s的回波构建三维等值面,并进行曲面的参数量统计(统计结果见表4.1)。从表中可知,不同行为得到的等值面的顶点和边线数目各不相同,并且单个样本的数据量级均达到了10000以上。曲面的每一个顶点均是由三维坐标进行描述,每一条边线是三维空间中的两点连线,此类数据难以直接进行数值分析计算。实际上,现有类似距离-速度-时间三维曲面的研究工作[78]也是考虑到曲面处理的复杂性,最终只是将曲面作为一种可视化工具。

表 4.1 三维等值面参数量对比

行为类型	持续时间/s	顶点数目	边线数目
步行	2	27820	55440
跑步	2	30707	60806
向前跳	2	22106	44062
挥拳	2	22828	45450
跳跃	2	16655	33182
踢腿	2	22413	44642

为了对三维模型进行定量分析,本书采用基于最远距离的迭代采样,将三维等值面转化为三维空间内的采样点集合,由此大幅降低模型的参数规模,并对样

本的数据长度进行统一。本书采用贪心算法的技术思路进行三维等值面的采样。具体的采样算法为最远距离采样[155],计算过程中,每次只采样与已有点集距离相距最远处的曲面顶点,不断迭代采样,直到采样点数达到预设的采样数目上限,由此实现曲面的形态表征。基于最远距离的等值面采样步骤可归纳为算法4.1。

算法4.1:基于最远距离的等值面采样算法

输入:等值面顶点集合 X,初始点 $x_1 \in X$,采样点数目 N

输出:采样点集合 $X' = \{x_1, x_2, \cdots, x_N\}$

1 初始化:$X' = \{x_1\}$,欧式距离 $L(x) = \|x - x_1\|_2$

2 **for** $n \leftarrow 1$ **to** $N-1$ **do**

3   从顶点集合找到最远点 x':$x' = \arg\max_{x \in X} L(x)$

4   更新采样点集合:$X' \leftarrow X' \cup \{x'\}$

5   更新距离 $L(x)$:$L(x) \leftarrow \min_{x \in X} \{L(x), \|x - x'\|_2\}$

6 **end**

通过最远距离采样算法,即可得到距离 – 速度 – 时间三维点云模型。图4.13所示为点云模型与微多普勒时频谱和距离 – 慢时间二维图。通过对比不难发现,微多普勒时频谱(图4.13(a))与点云模型在速度 – 时间维度的二维投影(图4.13(c))具有相同的轮廓特征;距离 – 时间图(图4.13(b))与点云模型的距离 – 时间投影(图4.13(d))也具有相同的轮廓特征。至此,人体散射回波中的时序运动特性通过点云模型实现了统一模型下的表达。

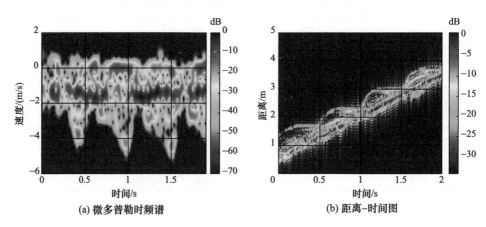

(a) 微多普勒时频谱   (b) 距离–时间图

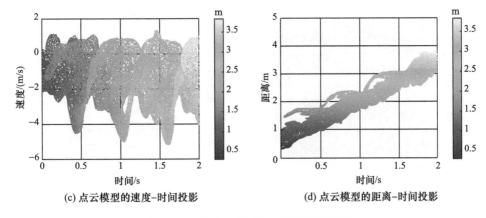

(c) 点云模型的速度-时间投影　　　　(d) 点云模型的距离-时间投影

图4.13　三维点云模型与二维模型对比图

需要说明的是,相比于传统时频分析方法,点云模型中采用的分时距离–多普勒处理和二维CFAR检测能够更好地进行杂波抑制和目标能量聚集,对于强噪声环境具有更好的鲁棒性(相关实验分析见4.4.1节)。

4.1.4　基于点云的多目标微动特征分离

由于单通道超宽带雷达系统缺乏方位向分辨力,多人场景下的行为分析是研究中的难点。目前,大多数研究工作均假定观测场景内有且仅有一个目标。这是因为行为分类的主要依据是微多普勒时频谱,当观测目标多于一个时,仅利用速度–时间维度进行目标表征,将不可避免地出现目标混叠。虽然距离维度具有更好的目标分辨能力,但是距离维度反映的目标运动信息有限,仅仅依据距离–时间信息很难对目标运动特征进行有效描绘。

距离–速度–时间点云模型对目标的距离、速度信息采取了联合表征方式,因此可以借助目标在距离维度的可分辨性对多普勒域混叠的目标进行分离。图4.14所示为3人运动(2人步行,1人跑步)时的不同模型对比图。图4.14(a)中,目标在微多普勒时频谱出现严重混叠,既无法辨别目标数目也不能准确分析目标的微动特征。本书提出的点云模型可以在三维空间内对目标进行数目辨别和微动特征分析,有效克服了二维模型的局限性。实际上,点云模型还可采取进一步的处理,将混叠目标进行逐一分离。

假设目标的点云集合 $X' = \{x_1, x_2, \cdots, x_N\}$,其中 $\boldsymbol{x}_i = [r_i, v_i, t_{si}]^{\mathrm{T}}$ 位于距离–

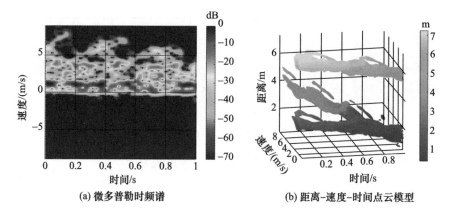

(a) 微多普勒时频谱　　　　　　　　(b) 距离-速度-时间点云模型

图 4.14　3 人步行场景的微多普勒时频谱和点云模型图

速度-时间三维空间内。对于距离维度可分的微动信息,可取点云模型的距离-时间投影(图 4.15 中蓝色虚线示),通过对点云模型距离-时间维度的区分性,实现点云在速度维度的自动分离。对于距离轨迹存在部分重合的观测场景,以固定间隔时长取距离-速度维度的切面(图 4.15 中红色虚线),根据前一时刻各点的距离-速度信息,结合间隔时长可以预测下一时刻该点的运动状态,从而可以判断不同切片上各个点所对应的人体目标,实现多人场景下的微动信息分离。

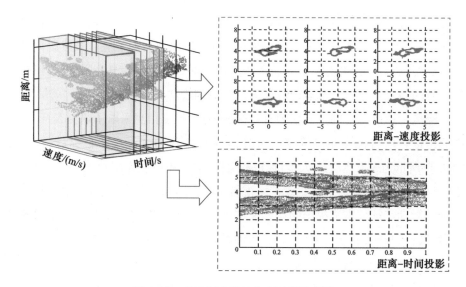

图 4.15　多目标点云的分离过程示意图

4.2　层次化点云网络的模型构建

采用点云模型对目标回波中的距离－速度－时间信息进行联合表征,可以有效降低样本的数据维度,提高多人观测场景等复杂环境的适应能力。但是,不同于二维图片或三维栅格化形式的数据,三维点云数据不是在空间内进行规则的密集型排布,而是散布在三维空间内的少数位置。实际上,点云模型也正是通过空间排布的稀疏性实现了表征方式的高效性。由于点云样本中各个点的空间坐标、点与点的相对位置存在一定的随机性,无法采用固定顺序对各样本进行运算,对后续的数据处理和定量分析造成了困难。

与距离－速度－时间点云模型相类似,现实世界中存在着大量底层结构不采用欧几里得空间的数据类型,如以社交网络为代表的图模型和描述多面体、曲面等结构的黎曼流形等。对该类数据的学习和分析需要将几何知识与深度学习模型进行融合,对已有卷积模型进行改进。结合 PointNet[156-157] 等几何深度学习领域的研究进展,本节提出一种适用于距离－速度－时间点云的深度神经网络,可对三维点云数据进行层次化的分析处理。

4.2.1　基于对称性的网络函数设计

针对距离－速度－时间点云数据的处理需要保证处理结果不受各个点的输入顺序影响。点云是一种非规则数据,其在三维空间的排布具有稀疏性和一定的随机性,不同点云样本在空间中占据的位置各不相同。点云数据与图像数据不同,图像是在固定尺寸的二维网格上,以各个网格内的像素大小表达信息,而点云是通过各点的空间坐标进行信息传递。因此,在点云的处理过程中,应该确保数据的读取顺序不会影响数据的处理结果。以图 4.16 为例,理想的处理算法应确保图中 3 种不同的处理顺序均得到相同的处理结果,对应的数学表达式如下:

$$
\begin{aligned}
& g\left(f_a(x_1), f_b(x_2), f_c(x_3), f_d(x_4)\right) \\
& = g\left(f_a(x_1), f_b(x_3), f_c(x_4), f_d(x_2)\right) \\
& = g\left(f_a(x_2), f_b(x_3), f_c(x_1), f_d(x_4)\right)
\end{aligned}
\tag{4.15}
$$

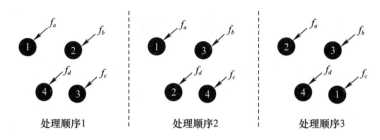

图 4.16　点云数据的不同处理顺序

为了使数据输入顺序与处理结果无关,算法模型中采用的运算操作应满足对称性,如采用加法、乘法、取平均、取最值等运算。考虑到复合函数设计中,若式(4.16)中函数 g 满足对称性,则函数 $f(x_1,x_2,\cdots,x_n)$ 也满足对称性。由此构成了点云网络的基本函数:

$$f(x_1,x_2,\cdots,x_n) = r \circ g(h(x_1),h(x_2),\cdots,h(x_n)) \tag{4.16}$$

图 4.17 所示为点云网络的基本结构,各个点通过相同的函数 h 进行处理,运算结果在对称函数 g 处进行汇总并送入后续环节,通过函数 r 得到最终的输出结果。在距离–速度–时间点云网络的设计中,函数 h 采用一维卷积,g 采用 max–pooling(最大池化)操作,r 是全连接层用于点云类别的分类函数。整个过程保证了输入顺序对处理结果的无关性。

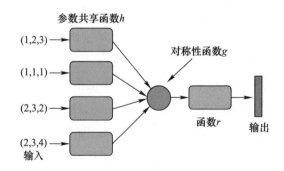

图 4.17　点云网络子函数的基本结构

4.2.2　基于主成分分析的点云归一化

考虑到不同人员的运动速度和运动方向存在差异性,这种速度和方向的差异性会造成点云模型的整体朝向不尽相同,因此,需要在送入网络之前对点云数据进行预处理,对点云的方向和坐标值进行归一化。

假设点云数据矩阵 $\boldsymbol{X}'$ 在距离、多普勒、时间维度的取值分别为 R、V、T。

首先,求取三维点云数据的协方差矩阵:

$$\boldsymbol{A} = \mathrm{cov}(R, V, T) = \begin{bmatrix} \mathrm{cov}(r, r) & \mathrm{cov}(r, v) & \mathrm{cov}(r, t) \\ \mathrm{cov}(r, v) & \mathrm{cov}(v, v) & \mathrm{cov}(v, t) \\ \mathrm{cov}(r, t) & \mathrm{cov}(v, t) & \mathrm{cov}(t, t) \end{bmatrix} \qquad (4.17)$$

然后,对协方差矩阵 $\boldsymbol{A}$ 进行特征值分解:

$$\boldsymbol{A} = \boldsymbol{Q}\boldsymbol{\Sigma}\boldsymbol{Q}^{-1} \qquad (4.18)$$

式中:$\boldsymbol{Q}$ 是矩阵 $\boldsymbol{A}$ 的特征向量组成的矩阵;$\boldsymbol{\Sigma}$ 是对角矩阵,并且对角线上的各元素就是矩阵 $\boldsymbol{A}$ 的特征值(按从大到小排列),各个特征值描述了矩阵 $\boldsymbol{X}'$ 在特征向量方向上的投影长度。

最后,以矩阵 $\boldsymbol{Q}$ 对点云数据进行方向和坐标的归一化:

$$\boldsymbol{X}^{\mathrm{align}} = \boldsymbol{Q}^{\mathrm{T}} \cdot \boldsymbol{X}'$$
$$\boldsymbol{X}^{\mathrm{norm}} = (\boldsymbol{X}^{\mathrm{align}} - \overline{\boldsymbol{X}}^{\mathrm{align}}) / L_{\max} \qquad (4.19)$$

式中:$\overline{\boldsymbol{X}}^{\mathrm{align}}$ 是点云 $\boldsymbol{X}' = \{x_1, x_2, \cdots, x_N\}$ 的中心坐标;$L_{\max}$ 是点云在距离、速度、时间 3 个坐标轴上数据分布范围的最大值。

4.2.3　基于层次化结构的网络构建

为了进一步提高点云神经网络的性能,还需对图 4.17 中的基本结构进行扩展。从已有章节的讨论可知,二维卷积神经网络的一个显著特点是采用层次化的数据运算方法。二维网络模型通过将卷积层进行层层堆叠和非线性化处理,大幅提升了网络函数的数据拟合性能。受其启发,点云神经网络也可以采用层次化的设计思路,由此提高网络的表达能力。图 4.18 是点云数据的层次化处理示意图,首先将点云划分为不同的组成区域,对各区域分别采用相同的网络模块进行运算,然后在更大的范围内对上一环节的输出值进行区域分割和区域内元素的计算,依此类推,最后在全部范围内对上一环节的结果进行统一处理,得到最终的运算结果。

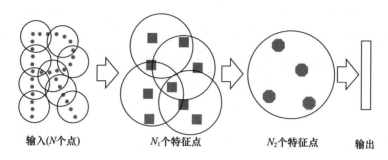

输入(N个点)　　　　N_1个特征点　　　　N_2个特征点　　　　输出

图 4.18 点云的层次化处理示意图

具体而言,在层次化处理过程中,首先采用最大间隔采样算法,对点云数据 X' 进行采样。令采样点数为 N_1,得到子集 $X_s^{(1)} = \{ x_{c_1}^{(1)}, x_{c_2}^{(1)}, \cdots, x_{c_{N1}}^{(1)} \}, x_{c_i}^{(1)} \in X'$。然后采用 K 近邻算法(距离函数选取欧氏距离)确定以 $x_{c_1}^{(1)}$ 为中心点,中心点周边 K 个最近邻点构成的子区域 $G_i^{(1)} = \{ x_{c_i}^{(1)}, x_{c_{i+1}}^{(1)}, \cdots, x_{c_{i+K}}^{(1)} \}, i = 1, 2, \cdots, N_1$。随后,对各子区域分别以下式进行计算,得到维度为 $1 \times C_1$ 的特征向量 $\boldsymbol{f}_{c_i}^{(1)}$。其中,cov 表示一维卷积操作,max 为最大池化操作,即

$$\boldsymbol{f}_{c_i}^{(1)} = \max \left\{ \text{cov}(x_{c_i}^{(1)}), \text{cov}(x_{c_{i+1}}^{(1)}), \cdots, \text{cov}(x_{c_{i+K}}^{(1)}) \right\} \tag{4.20}$$

上述操作共同构成了层次化点云网络的第一层操作。以此类推,在第 l 层的处理过程中,需要首先对第 $l-1$ 层提供的点云 $X_s^{(l)}$ 进行 K 近邻采样,得到子集 $X_s^{(l)} = \{ \boldsymbol{x}_{c_1}^{(l)}, \boldsymbol{x}_{c_2}^{(l)}, \cdots, \boldsymbol{x}_{c_{N1}}^{(l)} \}, \boldsymbol{x}_{c_i}^{(l)} \in \boldsymbol{X}'$,子集内元素个数为 N_l。然后,把以 $X_s^{(l)}$ 中各元素为中心,周边 K 个最近邻点构成的子区域 $G_i^{(1)}$,送入第 l 层网络。需要注意的是,此时的输入信息为各点坐标值与上一层点云网络的输出特征值 $\boldsymbol{f}_{c_i}^{(l-1)}$,运算过程如下式所示:

$$\boldsymbol{f}_{c_j}^{(l)} = \max \left\{ \text{cov}(\boldsymbol{x}_{c_j}^{(l)}, \boldsymbol{f}_{c_j}^{(l-1)}), \text{cov}(\boldsymbol{x}_{c_{j+1}}^{(l)}, \boldsymbol{f}_{c_{j+1}}^{(l-1)}), \cdots, \text{cov}(\boldsymbol{x}_{c_{j+K}}^{(l)}, \boldsymbol{f}_{c_{j+K}}^{(l-1)}) \right\}$$

$$\tag{4.21}$$

为了实现点云的分类识别,需要把最后一层的输出 $f_i^{(l)}$ 送入全连接层网络。该全连接层网络的输出端数目为拟分类的类别数目。由此,完成了整个层次化点云网络的处理流程。

图 4.19 所示为三层距离 – 多普勒 – 点云神经网络的处理流程示意图。在

第一层网络中,输入端为点云数据 X',输入数据的维度为 $N \times d$(此处 d 取3,对应点云的坐标维度)。点云通过最大间隔采样和 K 近邻搜索,划分为 N_1 个区域,每个区域包含 K 个点。将各区域的点集分别送入网络,网络内的处理过程为式(4.20),各区域的输出维度为 $1 \times C_1$,合并为 $KX_s^{(l)} = \left\{ \boldsymbol{x}_{c_1}^{(l)}, \boldsymbol{x}_{c_2}^{(l)}, \cdots, \boldsymbol{x}_{c_{N1}}^{(l)} \right\}$,$\boldsymbol{x}_{c_i}^{(l)} \in X'$ 的特征值。在第二层中,N_1 个中心点构成的点集被重新划分为 N_2 个区域,每个区域包含 K 个点。将各区域的点集分别送入网络,网络内的处理过程为式(4.21),各区域的输出维度为 $1 \times C_2$,合并为 $N_2 \times C_2$ 的特征值。在第三层中,N_2 个中心点不再划分子区域,而是整体送入网络中,只进行一次式(4.21)对应的运算过程,输出维度为 $1 \times C_3$。最后,将该特征向量送入全连接层网络(图中记作 FC),输出维度为 $1 \times F$ 的最终分类结果。

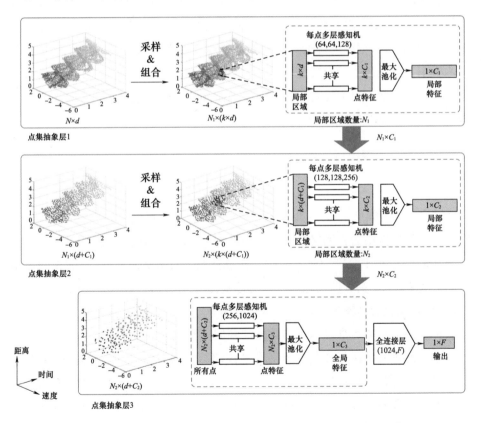

图4.19　采用了层次化结构的距离–速度–时间点云神经网络结构图

4.3 开集框架下的点云识别算法

现有基于深度神经网络的识别算法,主要是基于闭集框架进行设计。该类方法假定训练和测试数据集中的样本种类一致,无法对训练集之外的样本类型进行检测。相关研究发现[158],基于交叉熵训练得到的分类网络对于异常样本也会给出较高的输出值,仅根据网络的原始输出很难进行常规和异常数据的鉴别。在异常行为检测的研究中,有研究人员引入了生成对抗网络,将生成对抗网络中的真假鉴别器作为异常样本检测器,提高了神经网络对于异常数据的检测效果[69]。但是,该算法的输入数据是微多普勒时频谱,采用的生成对抗网络主要用于图像、语音等低维数据。对于点云等高维数据,生成对抗网络的训练难度将进一步增大,网络自身稳定性差的缺陷也将进一步放大。本书提出的开集检测算法,是通过数据预处理的方式对点云数据引入基于梯度信息的扰动。这种样本数据上叠加的扰动会改变原数据在网络输出端的运算结果,并且在已有类别和未知类别数据集上体现出运算结果的差异性。通过差异性的检测来鉴别异常数据,即可完成开集框架下的行为识别。

4.3.1 开集识别的问题描述

假设 $X_{adv} = X - \epsilon \cdot sign(\nabla_x Loss(\theta, X, y))$ 和 Q_X 是点云空间 $\mathcal{X}$ 内的两类数据分布特征,P_X 为领域内(in-distribution)分布,Q_X 为领域外(out-distribution)分布。点云神经网络为 f,网络参数是在服从 P_X 分布的数据集上完成的训练优化。从 P_X 和 Q_X 分布中分别抽取若干样本构成网络 f 的测试数据集,测试集的数据分布记为 $\mathbb{P}_{X \times Z}$,Z 为数据来源的二分类标签,条件概率 $\mathbb{P}_{X|Z=0} = P_X$,$\mathbb{P}_{X|Z=1} = Q_X$。要解决的问题是,当输入数据来自混合分布 $\mathbb{P}_{X \times Z}$ 时,基于 P_X 数据集训练得到的点云神经网络 f,能否准确识别出数据的领域标签 Z?

本节的研究是在不改变神经网络参数和结构的前提下,力求提高网络对于异常数据(即服从领域外分布 Q_X 的样本)的检测能力。考虑到在 P_X 上以交叉熵为损失函数的监督学习,可以保证网络模型对与训练集分布一致的数据进行准确分类,基于开集框架的识别算法可分为两步。首先是数据来源检测,判断样本是否服从 P_X 分布;然后对服从该分布的样本进行类别分类,对不服从该分布的样本标注为异常数据。对应于人体行为识别的具体应用,由于雷达回波的训练数据集有限,数据收集工作耗时耗力,如果要额外收集服从 Q_x 分布的数据用作异常检测的训练样本,将会提高数据采集的难度。如果能够只在 P_x 数据分布下完成所需的算法设计,可以有效减少数据采集的工作难度,也能够避免因为采集的异常数据多样性不足,影响异常检测的性能。

4.3.2 基于梯度信息的数据扰动

在不改变网络参数和结构的前提下进行异常检测,需要对两类数据分布 (P_x 和 Q_x)的差异性进行鉴别。由于点云网络是在 P_x 分布下进行的参数优化,一种直观的方法是借助网络的输出值对数据分布进行区分。用于分类任务的点云神经网络,其网络输出端采用的是 softmax 回归值,计算表达式为式(2.8),现重写如下:

$$\hat{y}_k^{(i)} = \exp(o_k^{(i)}) \Big/ \sum_{j=1}^q \exp(o_j^{(i)}) \qquad (4.22)$$

式中:$o_k^{(i)}$ 是样本 i 输入网络后,第 k 个输出端的值。对于已知类别(即服从 P_x 分布)的样本,若类别总数为 q,样本所属类别为 k,则网络输出端 $\hat{y}_k^{(i)}$ 的值最大,其他类别对应的 softmax 回归值小于 $\hat{y}_k^{(i)}$,由此实现对已知类别样本的识别。但是,对于 Q_x 分布下的样本,并没有已知的类别标签与其对应,不能根据 softmax 的最大值所对应类别作为分类标签。常规的处理思路是对 softmax 回归值进行门限检测,即当网络输出端中最大的 softmax 回归值大于门限时,认为该样本服从 P_x 分布;当网络输出端的最大 softmax 回归值小于门限时,认为该样本服从 Q_x 分布,判定为异常样本。

然而,直接基于 softmax 回归值的门限检测存在两个问题:一是神经网络的泛化性能下降;二是异常检测的稳定性较差。具体来说,一方面,服从 P_x 分布的数据依然存在领域内差异性,原分类方法只需选取 softmax 回归值中的极大值,对比各个类别的输出值即可确定样本作为相似的类别,对类内差异较大的数据依然能够正确分类。门限检测给 softmax 的极大值检测限定了数值范围,使得 P_x 分布数据不仅要在正确类别的输出值最大,并且该值要高于特定门限才能正确分类,否则将被作为异常数据,造成异常检测中的虚警概率提高。另一方面,服从 Q_x 分布的数据并未用于神经网络的训练,在网络映射的空间内,Q_x 分布数

据与类别为 k 的 P_X 数据的差异性未知,当出现服从 Q_X 分布的样本在类别为 k 的 softmax 回归值超过检测门限时,将会被误认为是 P_X 分布,这会造成异常检测中的漏警概率提高。考虑到仅改变检测门限,无法同时改善异常检测中的虚警和漏警性能,因此需要对数据进行预处理,改变 P_X 和 Q_X 分布数据在神经网络输出端的 softmax 回归值分布特性。

实际上,通过数据预处理改变原始数据在神经网络的输出值,是神经网络对抗攻击[159]的实现思路。用于分类的神经网络是以交叉熵为目标函数通过随机梯度下降进行参数的优化,过程可以简写为

$$\min_{\theta} \mathrm{Loss}(\theta, x, y) \tag{4.23}$$

式中:θ 表示神经网络的参数;x 表示输入项;y 为输入项的真实类别标签。对抗攻击的实现思路如下式所示:

$$\max_{\delta} \mathrm{Loss}(\theta, x + \delta, y) \tag{4.24}$$

是通过引入附加项 δ 使得分类误差最大化。

Goodfellow 在 2015 年的研究工作中发现,如果沿神经网络的梯度方向引入噪声项,可以通过极微小的像素扰动造成图片分类错误[159]。该网络攻击过程采用的是如下表达式:

$$x_{\mathrm{adv}} = x + \epsilon \cdot \mathrm{sign}(\nabla_x \mathrm{Loss}(\theta, x, y)) \tag{4.25}$$

式中:x_{adv} 是加入像素扰动之后的图片;x 是原输入图片;ϵ 是扰动项的幅度系数。该攻击过程首先找到输入图像 x 中对损失函数有贡献的像素位置,然后通过 sign 函数沿误差增大的方向引入数值为 ϵ 的扰动值。

对于点云异常检测的预处理,预处理目的与网络攻击的目的恰恰相反。网络攻击是通过预处理增大网络预测值与实际类别的误差,与其不同,我们希望降低点云与实际类别的误差。采用的点云预处理表达式为

$$x_{\mathrm{adv}} = x - \epsilon \cdot \mathrm{sign}(\nabla_x \mathrm{Loss}(\theta, x, y)) \tag{4.26}$$

式中:x_{adv} 是加入位置扰动之后的点云;x 是原输入点云;D 是扰动项的数值。攻击过程是对找到点云 x 中对损失函数有贡献的离散点的三维坐标(不同于图像中的各网格像素),通过 sign 函数沿误差减小的方向引入数值为 ϵ 的扰动值,对原点云的坐标位置进行调整。

下式是对含有扰动的样本的网络运算结果的一阶泰勒展开式:

$$\log S_{\hat{y}}(x_{\text{adv}}) = \log S_{\hat{y}}(x) + \varepsilon \|\nabla_x \log S_{\hat{y}}(x)\|_1 + o(\varepsilon) \qquad (4.27)$$

从中可知,基于梯度的扰动可以提高类内数据的 softmax 回归值,使其高于异常检测门限,避免极大值虽然与真实类别一致但因为低于检测门限被识别为异常的情况发生,从而提高网络的泛化性能;对于异常数据,由于没有已知类别与其对应,虽然可能出现某些异常样本的 softmax 值较高的情况,但将该数据沿网络误差的减小方向进行移动,异常样本的 softmax 提升幅度有限,即 $\varepsilon \|\nabla_x \log S_{\hat{y}}(x_P)\|_1 \ll \varepsilon \|\nabla_x \log S_{\hat{y}}(x_Q)\|_1$(因为该分布下的数据并未用于网络训练,因此网络损失函数的梯度下降方向与该数据不相关)。

图 4.20 是对点云添加扰动的效果示意图,假设红色点对应 P_X 分布的点云样本,蓝色点对应 Q_X 分布的样本,当对两类样本加入相同的扰动项后,红色点的变化幅度大于蓝色点,由此使得两类分布在神经网络中的输出端具有更大的差异性,有效降低两类数据的识别难度。

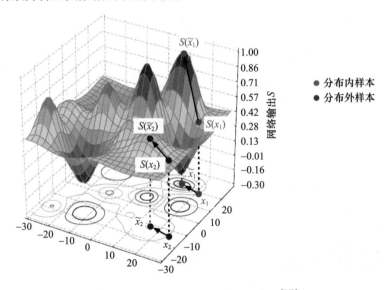

图 4.20 基于梯度扰动的效果示意图[160]

4.3.3 基于开集的检测识别算法

基于开集框架的人体行为识别过程可以分为点云构建、异常检测和行为分类三部分。在处理流程中,需要预先将距离 - 多普勒 - 点云神经网络在人体回波数据集(回波数据集的数据分布为 P_X,包含的人体行为类别数为 k)进行参数的训练优化,然后固定网络参数,用于异常检测和行为分类两个环节。

具体处理步骤如下。

(1)点云构建。待识别的雷达回波,首先经过4.1节中的处理方法,转换为距离 – 速度 – 时间空间内的三维点云 $X' = \{x_1, x_2, \cdots, x_N\}$,其中 $\boldsymbol{x}_i = [r_i, v_i, t_{si}]^{\mathrm{T}}$。

(2)对点云的空间位置加入扰动。点云中各点的三维坐标基于网络的梯度方向进行幅度为 ϵ 的坐标微调,得到点云 X_{adv},计算表达式如下:

$$X_{\mathrm{adv}} = X - \epsilon \cdot \mathrm{sign}(\nabla_x \mathrm{Loss}(\boldsymbol{\theta}, X, y)) \qquad (4.28)$$

(3)将经过扰动的点云送入层次化点云网络进行异常检测,判断输入数据是否服从 P_X 分布,判决表达式如下:

$$g(X_{\mathrm{adv}}; \delta, T, \varepsilon) = \begin{cases} 1, & \max_{\hat{y}} S_{\hat{y}}(X_{\mathrm{adv}}; T) \leqslant \delta \\ 0, & \max_{\hat{y}} S_{\hat{y}}(X_{\mathrm{adv}}; T) > \delta \end{cases} \qquad (4.29)$$

式中:T 为温度参数[160],在 softmax 函数中 T 取值为1。二维图像的异常检测中,通过增大 T 值,可以增大 P_X 和 Q_X 的网络输出差异,即

$$\begin{aligned} S_k(x; T) &= \exp(o_k^{(i)}/T) \Big/ \sum_{j=1}^{q} \exp(o_j^{(i)}/T) \\ &= \exp(f_k(x)/T) \Big/ \sum_{j=1}^{N} \exp(f_j(x)/T) \end{aligned} \qquad (4.30)$$

(4)对 $g(X_{\mathrm{adv}}; \delta, T, \varepsilon)$ 取值为0的点云 X_{adv},判定行为类别,即

$$i = \arg \max_{\hat{y} \in k} S_{\hat{y}}(X_{\mathrm{adv}}) \qquad (4.31)$$

(5)对 $g(X_{\mathrm{adv}}; \delta, T, \varepsilon)$ 取值为1的点云 X_{adv},还可以视情况进一步处理。若该样本为多个目标回波混叠的样本,可采用4.1.4节中的点云分割方法,将多目标分离后,重新送入点云网络,重复步骤(3)和步骤(4)。

4.4 行为表征与识别实验结果及分析

本节根据超宽带雷达系统参数,分别针对人体行为的点云特征提取、多人场景的点云分离、异常数据检测、人体行为分类进行实验设计和性能验证。其中,点云特征提取实验分别针对8类人体行为进行点云模型构建,并对信噪比、采样点数、雷达系统带宽等因素的影响进行分析;多人场景的点云分割实验,分别针对微多普勒信息混叠和距离信息混叠的样本进行方法验证;异常数据检测主要探究网络模型能否识别不属于已知8类行为的回波;人体行为分类实验是对仿

真和实测数据集的分类性能进行评估,并与基于二维模型的现有方法进行对比。

4.4.1 人体行为的点云特征提取

实验中涉及的人体行为共 8 类,分别为跑步、爬行、行走、原地跳跃、前向跳跃、原地站立、挥拳、踢腿。所用实验数据来自 CMU MoCap 数据集[42],人体运动散射回波采用本书 3.1 节的人体椭球模型生成。每一个回波样本的观测时长均为 2s,雷达带宽为 1.5GHz,系统中心载频为 4.3GHz,脉冲重复频率为 500Hz。

1)不同行为的点云形态分析

图 4.21 所示为上述 8 类行为对应的距离–速度–时间点云模型(为了便于观察,点云采用伪彩色处理,颜色数值对应距离维度的取值)。观察可知:

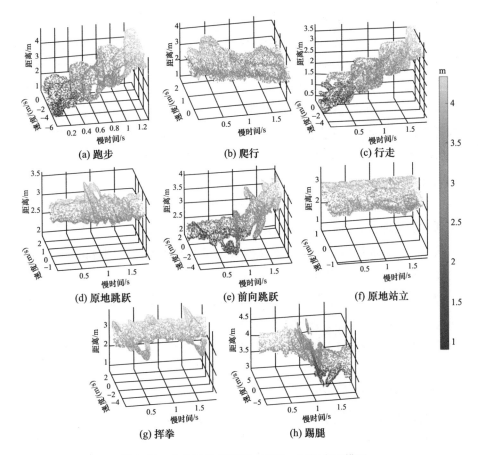

图 4.21 人体行为的距离–速度–时间点云模型

（1）距离－速度－时间点云模型可以对目标的速度和距离信息同时表征，目标微动特性得以完整保留。例如，在跑步、向前跳跃和挥拳等行为中，部分肢体的运动轮廓在空间中呈螺旋线，三维点云模型避免了肢体在二维映射中的前后遮挡效应，同一肢体在不同时刻的距离、速度信息能够较好保留。

（2）点云模型使得部分行为具有了更好区分性。例如，距离信息的引入使得在微多普勒域难以区分的原地跳跃和前向跳跃行为可以有效分辨。

（3）三维空间提高了模型的分辨力，降低了微动特征的混叠效应。在三维空间内，当且仅当不同散射点的距离和速度信息均相等时，才会出现微动特征的混叠，从而降低了不同肢体、不同区域之间的特征混叠可能性。

2）点云模型的数据复杂度分析

图 4.22 所示为不同采样点数的三维点云模型对比，图中的回波数据来自前向跳跃时的人体回波。图中分别给出了采样点数取 16384（128^2）、4096、1024、512 时的点云模型。由图 4.22 可知：

（1）点云模型对微动信息的表征更加高效。相比于二维图像数据，少量点集即可对目标微动特征进行绘制。由于点云生成过程采用了最大间隔距离采样，即使当点数降低为 512 时，仍然可以对目标在距离－速度－时间空间内的整体轮廓进行保留。

（2）点云模型降低了深度学习输入端的模型参数量。深度学习模型通常采用端到端的处理方式，输入端的模型质量在一定程度上决定了处理效果。本书提出的点云模型能够以低于单幅图像的数据量同时表征两类图像的信息，是一种更加高效的输入端建模方法。

（3）点云模型可以对不同输入样本的数据长度进行规范和统一。相比于三维曲面模型（表 4.1），点云模型不仅大幅降低了数据量，更可以对模型的数据长度自行设置，使得不同行为回波的数据长度相一致，是一种更为灵活的建模方式。

3）点云模型的抗噪性分析

图 4.23 所示为低信噪比条件下（信噪比在 10dB 以下）的点云模型与微多普勒时频谱对比，图中对应的雷达回波分别加入了 4 种不同程度的高斯白噪声。由图 4.23 可知：

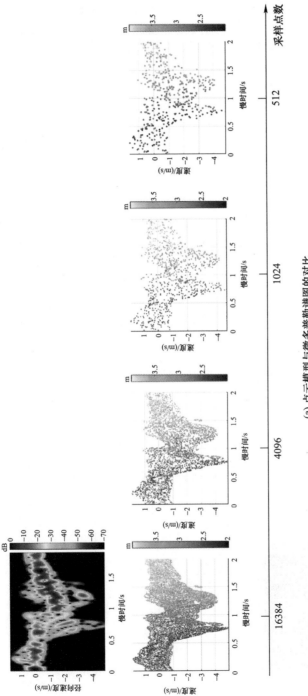

(a) 点云模型与微多普勒谱图的对比

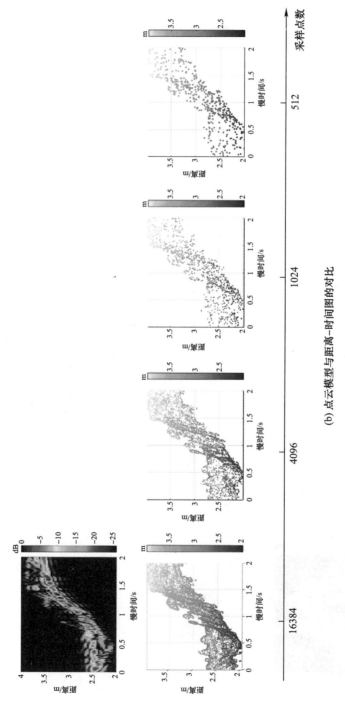

(b) 点云模型与距离-时间图的对比

图 4.22 不同采样点数的点云模型

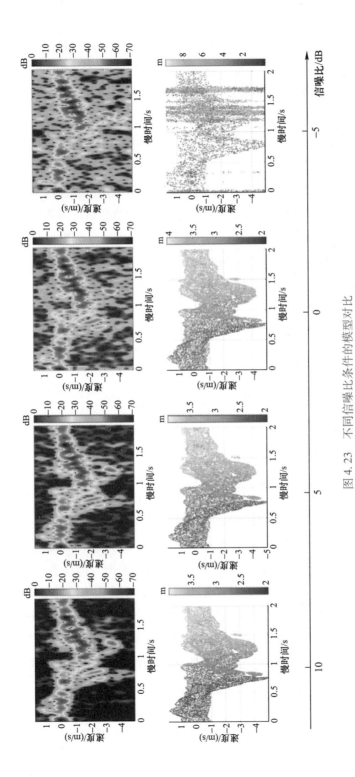

图 4.23 不同信噪比条件的模型对比

（1）微多普勒时频谱对噪声较为敏感，图中所示的 4 种信噪比情况下时频谱的成像质量均受到不同程度干扰。噪声与人体回波信号在速度－时间平面产生了混叠，当信噪比减低到 0dB 时，目标能量被背景噪声湮没，时频分布的轮廓完全破坏。

（2）点云模型对噪声较为鲁棒，即使在 0dB 环境下，点云仍然可以极大程度地保留微动信息。

（3）点云模型更适合作为深度神经网络的输入端。由于深度网络是一种数据驱动算法，输入数据之间的差异性会被网络觉察，影响模型的参数选取。如果同一类别的数据样本在不同环境下具有形态差异，将干扰算法模型对环境的适应能力。图中当信噪比由 10dB 逐渐降低至 0dB 时，点云模型的形态特征未发生改变。点云模型对于噪声的鲁棒性将提高点云网络的噪声鲁棒性。点云模型的抗噪性主要得益于两个方面：一是在点云生成的第一个环节（距离－多普勒的时间序列生成），通过距离校正和距离－多普勒处理，雷达回波中的能量可以有效聚集；二是在等值面构建的过程中，基于散射强度的 CFAR 检测将背景杂波进行了有效滤除。

4）点云模型对于雷达系统参数的敏感性分析

点云模型是对距离、速度、时间 3 个维度信息的联合表征。经过前面的分析可知，当雷达系统的距离分辨率、速度分辨率足够高时，本书提出的点云模型能够对人体微动特征进行准确描绘，并且相比于微多普勒时频谱对多人场景和强噪声环境具有更好的适应性。本节探究点云模型对于不同系统参数的敏感性，分析距离分辨率的下降是否会影响其速度维度的特征表征。

图 4.24 所示为当脉冲重复频率保持不变，改变雷达工作带宽时（雷达频带宽度依次取 1GHz、0.5GHz、0.1GHz、0.01GHz），点云模型与微多普勒时频谱的对比。由图可知，工作带宽的降低虽然会干扰点云模型在距离维的分辨能力，但并不影响速度－时间维的特征描绘。随着频带宽度由 1GHz 向 0.01GHz 不断降低，雷达系统的距离分辨力不断恶化，点云在距离维的分布范围也从最初的 2～4m 最终散布到 1～9m 范围，且分布范围逐渐集中，最后在距离维逐渐丧失分辨性。但是，通过与微多普勒时频谱的对比可以发现，点云在速度－时间二维平面的轮廓特征并未受到明显影响，依然保留了回波中的速度变化信息。基于 0.01GHz 带宽的点云模型仍可以描绘出微多普勒时频谱的整体轮廓。由此可知，距离－

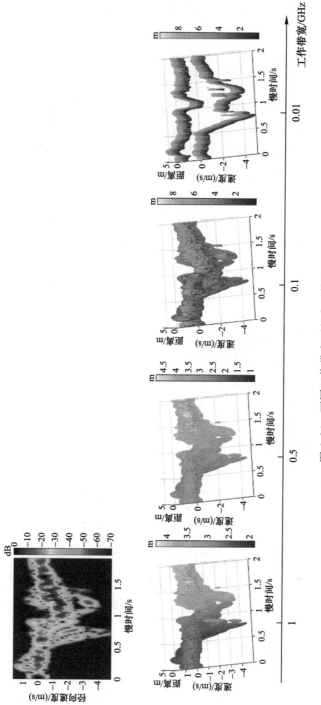

图 4.24 不同工作带宽下的点云模型对比

多普勒－时间点云模型是一种较为通用的模型,对于不同雷达系统参数具有较好的适应能力。

4.4.2 多人场景下的点云分离

多人场景采用 CMU MoCap 数据集,利用人体椭球模型生成人体散射回波。雷达参数系统参数与 4.4.1 节一致。

1) 多普勒域存在信息混叠的场景

令观测场景中有 3 名人员,依次记作 A、B、C。其中,A 和 C 以不同的速度向雷达方向步行,B 以跑步的方式向雷达运动。此时,雷达回波中同时包含 3 名人员的微动信息,在微多普勒域目标的能量分布出现混叠(图 4.25(a))。由于人员的距离轨迹可分(图 4.25(b)),因此可以根据各个点的距离和时间坐标,对点集进行分割。由于点云模型中,速度信息与距离相互耦合,依据点云的距离坐标即可进行速度分离。

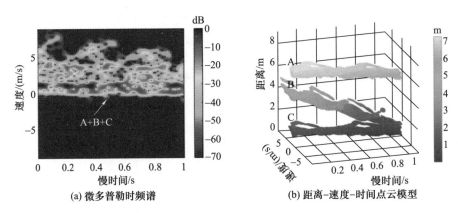

(a) 微多普勒时频谱　　　　(b) 距离-速度-时间点云模型

图 4.25　3 人运动,存在多普勒混叠的观测场景

图 4.26 所示为分离后的点云模型与对应目标的真实微多普勒信息。经过对比,点云模型将目标一一分离,并对目标的微动信息进行了较为完整的保留。分离后的点云模型仅包含单目标人体行为,因此可以采用本章的点云分析方法进行行为识别等后续处理。

2) 目标速度与距离信息均存在混叠的场景

令观测场景中有两名人员相向步行(分别记作 A 和 B),运动轨迹存在交叉。如图 4.27(a)所示,A 和 B 的部分肢体具有相近的速度－时间运动规律,在

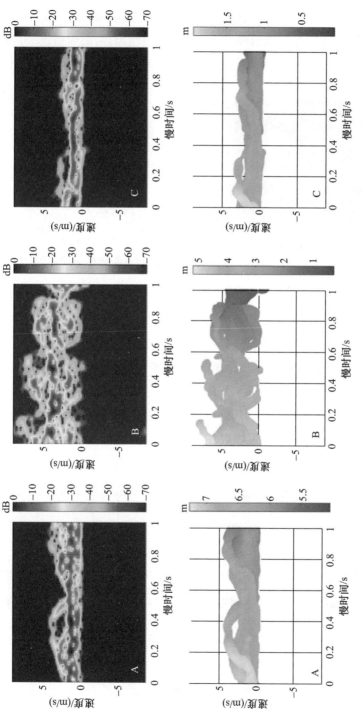

图4.26 分离后的点云模型与相应目标的微多普勒时频谱对比（3人场景）

时频谱中存在部分重叠,无法区别目标数量和真实运动特征。由于距离轨迹存在交叉,图 4.27(b) 中的点云模型也出现了混叠现象,需要通过进一步的处理才能实现目标分离。

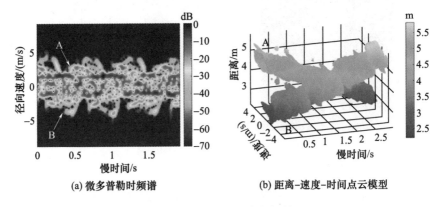

(a) 微多普勒时频谱　　　　　　　(b) 距离–速度–时间点云模型

图 4.27　两人相向步行场景

对于距离混叠的区域,沿时间轴将点云切分成固定时长的点云切片(本实验选取的时长为 0.15 s),再将点云切片投影到距离–速度平面。图 4.28 所示为距离混叠区域的切片投影,与回波信号的距离–多普勒处理结果不同,点云切片的内部不存在采样点,只保留了外部轮廓特征。由于每个点的坐标信息具有明确的物理意义(速度和距离),因此结合切片的时间间隔可以对下一切片的点云形态进行估计和跟踪,由此可以对各个点所属的人体目标进行归类,实现目标的分离。

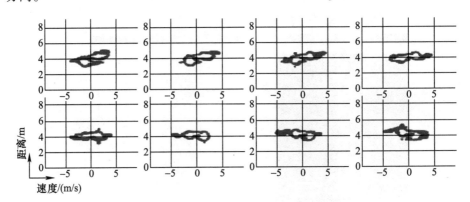

图 4.28　点云切片的距离–速度投影

图 4.29 所示为分离后的点云模型与对应目标的真实微多普勒信息,虽然存在多普勒域和距离域同时混叠的区域,分离后的点云模型依然较好地保存了目标的微动信息。

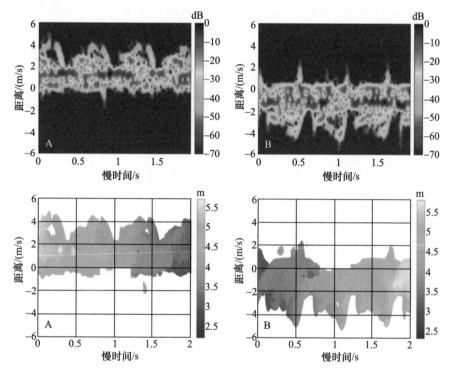

图 4.29 分离后的点云模型与相应目标的微多普勒时频谱对比(两人场景)

4.4.3 异常数据识别实验

本节分析基于点云神经网络的异常检测性能。将 4.4.1 节中列出的 8 种单人行为回波作为领域内的数据样本,即神经网络的训练集内只包括上述 8 类数据。原则上,不属于上述 8 类行为的数据均为异常数据,本节主要考虑两种类型的异常数据,并制作了相应测试数据集。

(1)多目标混叠的雷达回波数据集。该数据集的样本数量是 300,雷达回波来自 2 人或 3 人场景的雷达回波,相应数据来自 CMU MoCap 数据集。本数据集的制作出于以下考虑:现有分类算法大多假定雷达数据仅来自单目标,对于多目标回波无法自行区分;4.4.2 节已验证点云模型的多目标分离性能,探究点云神经网络对于多目标回波的自动检测能力。

（2）极低信噪比的雷达回波数据集。该数据集的样本数量是300,雷达回波来自信噪比为 – 10dB 和 – 15dB 的单目标雷达回波。本数据集的制作出于以下考虑:虽然4.4.1节的实验已经证明点云模型的抗噪性,但当信噪比低于 – 5dB 时,雷达回波亦会被噪声湮没,此时的行为分类结果将没有意义。考虑到实际环境的信噪比不能事先知晓,神经网络模型需要对极低信噪比的环境自动做出反应。

实验性能评估遵循异常检测的评价标准[158],采用4类指标评估点云神经网络的异常检测性能。①FPR (95 TPR),即真阳性率(True Positive Rate,TPR)达到95% 时的假阳性率(False Positive Rate,FPR)。该指标计算当 TPR 为95% 时,异常样本被误认为是已知类别数据的概率。②检测错误率(Detection Error)。该指标计算当 TPR 为95% 时,样本被误分类的概率。③接受者操作特征曲线下面积(Area under the Receiver Operating Characteristic Curve,AUROC),该指标计算 ROC (Receiver Operating Characteristic)曲线下方的面积。④精准度 – 召回率曲线下面积(Area under the Precision – Recall curve,AUPR)。该指标计算精准度 – 召回率曲线下方的面积。该指标可进一步细分为 AUPR – In(指定已知类别数据为真实正例)和 AUPR – Out(指定异常数据为真实正例)。

待比较的点云异常检测方法包括两大类:非层次化的处理思路和层次化的处理思路。非层次化处理的方法包括:①P – Net(即 PointNet[103],一种非层次化的点云网络);②P – Net + OSVM(采用 PointNet 特征层和单类别支持向量机[110]);③P – Net + Scale(PointNet 的输出端采用 temperature scaling[160]);④P – Net + Adv(对 PointNet 的输入端引入梯度扰动)。层次化的方法是将①②和③中的 P – Net 替换为 HP – Net(本章提出的层次化点云网络)。本书提出的异常检测方法可视作 H – PointNet + Adv。关于训练数据集的设置,上述方法涉及的两类神经网络均是只根据 8 类行为回波数据确定的模型参数。式(4.29)中的常数 T 取值为1000,式(4.28)中的扰动幅度 ϵ 取值为0.007,超参数的确定均是根据模型在 100 个经叠加处理(点云模型与沿 y 轴旋转90°的副本叠加)的训练集样本上的表现性能调整得到。测试数据集由领域内数据集和前述两类异常数据集分别混合得到。

针对多目标混叠的数据集的检测性能见表4.2。从表中可知,本书所提方法在 4 类指标上均超越其余各类方法。与不采用梯度扰动的层次化点云网络相比(HP−Net),指标 FPR(95 TPR)从 36.1% 下降到 29.8%,AUROC、AUPR−In 和 AUPR−Out 指标也有不同幅度的性能提升。HP−Net+OSVM 虽然利用了层次化点云网络的特征值,但是基于该特征值得到的各类检测指标均低于层次化网络,表明对于点云数据的异常检测,网络中间层的输出结果不直接适用于支持向量机这一类传统机器学习方法。总体来看,层次化处理方法的五类指标整体上优于非层次化的方法,表明了层次化的处理思路有助于异常检测的性能提升。

表4.2　多目标混叠数据集的异常检测性能　　（单位:%）

方法	FPR(95 TPR) ↓	Detection Error ↓	AUROC ↑	AUPR In ↑	AUPR Out ↑
P−Net	91.3	36.9	64.6	70.2	51.9
P−Net+OSVM	75.1	33.6	36.2	39.1	49.6
P−Net+Scale	89.5	44.7	52.7	58.9	44.3
P−Net+Adv	88.5	44.4	53.5	59.4	44.9
HP−Net	36.1	15.6	92.0	94.2	88.8
HP−Net+OSVM	87.3	45.6	52.5	46.6	58.7
HP−Net+Scale	32.3	14.5	91.7	93.7	89.4
本书方法	29.8	14.9	93.3	95.2	91.7

图 4.30 所示是各类方法对于异常检测结果置信度的统计直方图。图中,已知类别的数据记作 In−distribution(分布内),多目标混叠的回波数据记作 Out−of−distribution(分布外)。根据 4.3.3 节,$\max_{\hat{y}} S_{\hat{y}}(X;T)$ 即为输入样本 X 的置信度。相比于领域外的样本,算法模型对于领域内样本的输出结果应该有更高的置信度。由图可知,本书所提方法的统计直方图,领域内样本和领域外样本的置信度重合区域最小,并且领域内样本的输出值具有更高的置信度。因此,相比于其余 7 类方法,本书方法具有更好的异常检测性能。

在极低信噪比数据集的异常检测性能对比结果见表 4.3。表中,本书方法所提性能在 5 项指标上均优于其他方法。尽管算法模型并没采用低信噪比回波数据进行参数权值的调整,本书方法依然可以有效检测出该类异常数据。具体性能指标方面,采用了梯度信息扰动的层次化点云网络(本书方法)相比于层次化点云网络(HP−Net),FPR(95 TPR)降低了接近 90 个百分点,Detection Error 降低了 15.5 个百分点,AUPR−Out 指标提高了 35 个百分点。

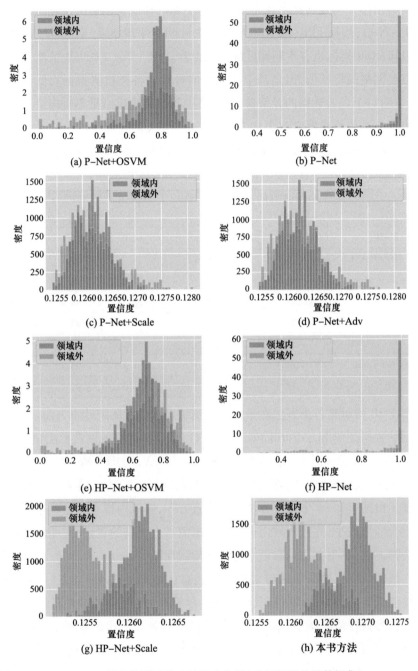

图4.30 异常检测置信度统计直方图(多目标混叠的数据集)

表4.3 极低信噪比数据集的异常检测性能 （单位:%）

方法	FPR(95 TPR) ↓	Detection Error ↓	AUROC ↑	AUPR – In ↑	AUPR – Out ↑
P – Net	99.1	50.1	0.1	41.6	30.0
P – Net + OSVM	98.9	40.5	50.5	33.7	69.6
P – Net + Scale	99.7	49.9	0.1	41.6	21.3
P – Net + Adv	98.5	50.0	0.1	41.6	21.4
HP – Net	92.1	15.5	84.7	93.0	62.8
HP – Net + OSVM	99.8	41.2	60.7	38.7	79.5
HP – Net + Scale	99.7	31.6	66.3	82.6	42.8
本书方法	2.1	1.01	98.8	98.9	97.7

图4.31所示是各类方法对于低信噪比雷达回波数据的检测结果,同样采用统计直方图的形式。根据图4.31(a)~(d),非层次化的处理方法(P – Net及其各种改进形式)不能对低信噪比回波和常规回波数据进行正确区分。该类方法对异常数据的置信度高于领域内数据,把噪声数据误认为是已知类型的人体行为回波。对比图4.31(b)、(f),层次化点云网络的领域内数据具有更高的置信度,层次化的处理方式可以有效避免噪声的误分类问题。图4.31(h)中,本书方

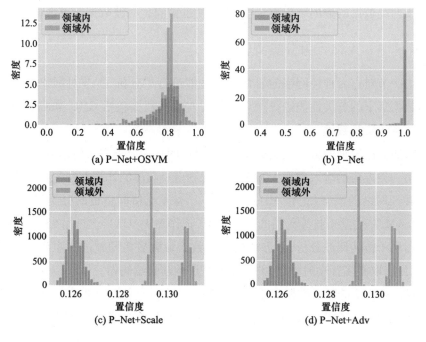

(a) P–Net+OSVM

(b) P–Net

(c) P–Net+Scale

(d) P–Net+Adv

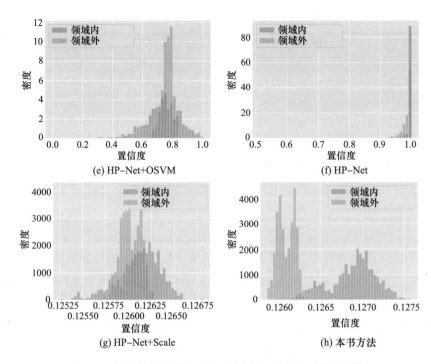

图 4.31　异常检测置信度统计直方图(极低信噪比的数据集)

法对于两类数据的输出结果重合度最小,对低信噪比回波数据能够准确检测。

4.4.4　人体行为分类实验

上一节对点云神经网络的异常检测性能进行了分析,本节对网络模型在领域内数据集下的分类性能进行探究。分类实验的数据包括 CMU MoCap 数据集和雷达系统实测数据。

按照算法模型的输入数据类型,用于对比的行为分类方法包括以下 3 类。

第一类方法的输入数据为微多普勒时频谱。具体的处理方法包括基于三层卷积神经网络的模型(记作 MD‐CNN[58])、基于支持向量机的分类模型(记作 MD‐SVM[49])、基于自编码器的分类模型(记作 MD‐CA)。文献[63]率先将自编码器用于雷达回波分析,原方法的输入数据为微多普勒频谱和距离‐慢时间图,此处仅取微多普勒时频谱,并采用卷积层构建自编码器。

第二类方法的输入数据为距离‐时间二维图。具体的处理方法包括卷积神经网络(记作 R‐CNN)、支持向量机(记作 R‐SVM)和自编码器(记作 R‐CA)。

第三类方法同时将微多普勒时频谱和距离－时间二维图作为输入,采用自编码器结构(记作 MDR－CA)。此外,还将非层次化的点云网络(记作 P－Net[103])一并进行比较。

上述方法在 CMU MoCap 数据集的分类性能如表 4.4 所列。由表中数据可知:

(1)采用点云模型作为输入的方法,在各类方法中的性能最优。其中,非层次化点云网络的分类准确率超过了93% ,层次化的点云网络超过了95% 。

(2)MDR－CA 以两类数据作为输入,获取的信息包含了距离、速度、时间信息,分类性能优于单一输入数据的模型。

(3)微多普勒时频谱具有比距离像更具区分度的信息,该类方法的分类准确率均高于距离像的方法。

(4)从表中也可以发现,对于前跳和上跳两类动作,微多普勒时频谱的模型识别率最差,这是由于这两类动作仅依靠速度－时间信息很难进行区分,必须借助距离像信息进行分辨。

表 4.4　CMU MoCap 分类准确率　　　　　　(单位:%)

方法	挥拳	爬行	步行	跑步	上跳	前跳	踢腿	站立	平均
R－CNN	89	70	76	72	99	99	35	86	78.3
R－SVM	93	33	67	98	98	59	37	90	71.9
MD－CNN	85	93	97	97	64	95	97	97	90.6
MD－SVM	88	91	95	96	94	79	74	92	88.6
MD－CA	80	84	99	89	63	74	99	99	85.9
R－CA	90	58	58	77	99	83	45	72	72.7
MDR－CA	97	81	99	83	99	99	70	99	90.9
P－Net	96	91	97	96	98	95	84	93	93.7
本书方法	94	96	96	96	97	97	87	98	95.2

下面分别选取三类方法中性能最好的模型(MD－CNN、MDR－CA、R－CNN),对泛化性能进行对比。

实验数据采用超宽带雷达系统的实测数据。实验的场景设置和数据种类与本书2.4.1节相一致,性能评估采用留一交叉验证(Leave One out Cross Validation)方法。考虑到雷达回波数据是来自 5 名实验人员,因此依次选取每名人员的数据作为测试集,其余 4 名人员的数据作为训练集,衡量指标为各类动作的平均识别率。

留一法的行为分类实验结果如图 4.32 所示。由于测试集中的人员数据并没在训练集中出现,图中各类方法的整体识别率均低于 CMU MoCap 数据集上的实验结果,并且识别准确率存在波动。其中,本书方法的识别准确率最高,体现了较好的泛化性。采用微多普勒时频谱、距离像信息的其余 3 种算法模型,识别准确率在各次实验中均有一定的起伏,仅采用距离像信息的算法模型识别效果最差,MD – CNN 在 5 次测试中的平均准确率高于 MDR – CA。

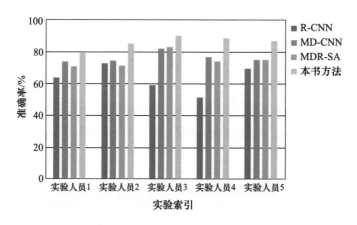

图 4.32　实测数据的平均分类准确率

4.5　本章小结

本章讨论了针对单通道超宽带雷达的特征工程设计和具备异常检测能力的分类算法设计。首先,我们给出了三维点云模型的生成算法,采用该模型对雷达回波的距离–速度–时间特征进行了联合表征,并在实验环节中对点云模型的微动表征性能、数据复杂度、抗噪性、雷达系统参数的敏感性等指标进行了分析。其次,我们设计了适用于三维点云的深度点云网络,通过对称性函数的引入和层次化网络的构建,实现了对稀疏排布的点云数据的端到端处理。最后,考虑到实际任务中,目标数目和回波的分布特性并不总能事先知晓,我们提出了多目标场景下的点云分割方法和具备异常检测能力的行为分类处理流程,实现了开集框架下的超宽带雷达人体行为识别。

第5章

单基地雷达全向人体行为识别

人体目标运动的微多普勒特性会因目标运动的方向不同而不同。人体行为全向识别主要利用人体在不同方向上运动导致的微多普勒特性的差异开展行为识别。本章针对人体运动全向识别问题开展了研究,提出了一种新的卷积神经网络模型,取得了较好的识别效果。

为了完成全向识别任务,本章采用了两种分类器,分别是多角度分类器(Multi – Angle Classifier,MAC)和单角度分类器(Single – Angle Classifier,SAC)。MAC训练集包含从多个方位角采集得到的微多普勒谱图。基于MAC进行全向识别时,需要从多个方向采集的谱图中学习可以用于全向识别的特征。SAC训练集只包含从一个方位角采集得到的微多普勒谱图。由于训练SAC的谱图只包含一个方向的微多普勒信息,因此基于SAC实现全向识别具有更大的挑战性。

5.1 全向识别中的角度敏感性

5.1.1 雷达方位角对微多普勒谱图的影响

文献[38]指出,人体目标运动时的多普勒频移来自运动过程中身体不同部位的振动、旋转等微运动。这些微运动的速度可以沿雷达波束的方向分解成径向速度和切向速度。只有径向速度产生多普勒频移,可以用下式计算得到,即

$$f_d = (2v_{ra})/\lambda = (2v_{ra}f_c)/c \tag{5.1}$$

式中:f_d是目标运动产生的多普勒频移;λ为雷达波长;c为光速;f_c为雷达的中心频率;v_{ra}为目标的径向运动速度,且有

$$v_{ra} = v \cdot \cos\alpha \tag{5.2}$$

式中:v 是目标运动的速度;α 是雷达的方位角。由式(5-1)和式(5-2)可知,人体运动产生的微多普勒信号与方位角 α 有关,也就是说,方位角不同(即运动方向不同),人体运动产生的多普勒频移不同。

图5.1 是不同方位角情况下行走、跑步、向前跳跃运动产生的微多普勒谱图,从图中可以看出:

(1)当人体目标的运动从沿径向方向逐渐转变到切向方向时,多普勒频移的带宽不断减小。当人体目标沿切向方向运动时,即 α 等于90°或者270°时,多普勒频移几乎为零。这是因为目标沿切向方向运动时不产生多普勒频移。

(2)当目标运动方位角为 α 和360° - α 时(如90°和270°,或者40°和320°),同一种运动产生的微多普勒谱图类似(图5.1)。这是因为在这两个方向上,径向速度基本相同,所以产生的多普勒频移也近似相同。

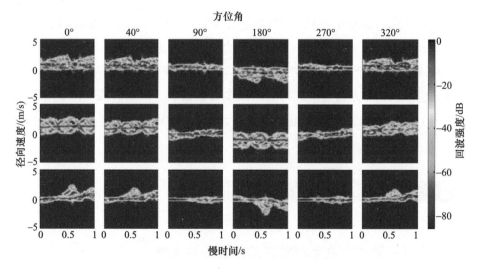

图 5.1 人体目标沿不同方向运动时产生的微多普勒谱图

5.1.2 全向识别分类器的角度敏感性

人体目标运动的微多普勒特性会因目标运动的方向不同(即方位角不同)而不同。全向识别任务需要根据从一个或多个方向获得的微多普勒信号,实现任意方向甚至是全方向的人体目标行为识别。

图5.1 表示了人体目标沿不同方向运动时产生的微多普勒谱图,从上至下

的运动分别是行走、跑步、向前跳跃。从图中可知,在一些特定的方向上,如方位角 α 等于90°或270°时,多普勒频移几乎为零,这时由不同行为产生的微多普勒谱图在直观上相似程度极大,此时采用人为的手工提取特征方法进行人体运动识别不具有可行性。也就是说,传统的基于手工特征提取的方法,只对特定的方位角有效。

再者,如果采用基于深度学习技术训练卷积神经网络的方法来完成全向识别任务,由于测试谱图的方位角与训练谱图的方位角不同,分类器的性能可能会随测试谱图方位角的变化而变化,也就是说,用不同方向的谱图训练得到的分类器,在识别其他方向的人体运动时,识别性能可能会有很大差异。

总而言之,在基于微多普勒信号的全向识别问题中,分类器存在"角度敏感性"问题,本节将分类器的这种角度敏感性描述为:训练完成的分类器进行人体运动识别时,因采集微多普勒谱图的方位角不同导致的识别性能不同的情况。分类器对方位角的敏感性越大,对不同方向的微多普勒信号识别性能的差异就越大,不同方向上的识别准确率变化也越大;分类器对角度的敏感性越小,对不同方向的微多普勒信号识别性能的差异就越小,不同方向上的识别准确率一致性也越好。

5.1.3 角度敏感性的评估方式与评价指标

根据对"角度敏感性"的描述,"角度敏感性"可以被认为是全向识别分类器的一种属性,可用作评价全向识别分类器性能的一种方法。

为了评估分类器的角度敏感性,对训练集谱图和测试集谱图做如下处理。

(1)将训练集和测试集中的谱图按照方位角的不同分别划分,将训练集划分成 M 个子集,测试集划成 N 个子集。

(2)用 M 个子集分别训练模型,训练后得到 M 个分类器;用测试集中的 N 个子集分别对分类器进行测试,输出测试结果。

(3)将分类器训练和测试结果整合在一个 $M \times N$ 的矩阵中,这个矩阵称为角度敏感性矩阵(Angle Sensitivity Matrix,ASM)。矩阵的第 i 行表示第 i 个分类器在 N 个子集上的测试准确率,第 j 列表示利用不同方位角的谱图训练得到的分类器在第 j 个测试子集上的测试结果。

在基于 MAC 的全向识别任务中,训练集不进行子集划分,按照上面步骤得到的矩阵转化成一个长度为 N 的向量,称为角度敏感性向量(Angle Sensitivity Vector,ASV),用来评估 MAC 的角度敏感性。ASM 和 ASV 可以反映和评估分类器的角度敏感性。

为了量化角度敏感性指标,方便与其他算法进行比较,利用取均值、标准差、欧氏距离对 ASM 和 ASV 进行计算,并将这 3 种指标作为角度敏感性的评价指标,即

(1)均值。对 ASV/ASM 计算均值,即

$$I_{\text{mean}} = \sum_{i=1}^{M} \sum_{j=1}^{N} A_{M \times N}(i,j) \tag{5.3}$$

式中:$A(i,j)$ 表示了 ASV/ASM 矩阵中 (i,j) 位置上的值。平均准确率 I_{mean} 体现了分类器的总体性能,其值越高,分类器的分类能力越强,对角度的敏感性越小。

(2)标准差。对 ASV/ASM 计算标准差,即

$$I_{\text{std}} = \sqrt{\text{hist}(A_{M \times N}) - I_{\text{mean}})^2} \tag{5.4}$$

式中:$\text{hist}(\bullet)$ 表示对 ASV/ASM 进行直方图统计。标准差 I_{std} 体现了分类器针对不同角度分类时的离散度,用于评估分类器对不同方向谱图识别效果的一致性,其值越高,分类器在不同方向上分类准确性的差异越大,对不同方向谱图分类的泛化能力越差,对角度的敏感性越大。

(3)欧氏距离。对 ASV/ASM 计算欧氏距离,即

$$I_{l_2} = \sqrt{\sum_{i=1}^{M} \sum_{j=1}^{N} (A_{M \times N}(i,j) - 1)^2} \tag{5.5}$$

在多(全)角度识别任务中,ASV/ASM 中所有位置的数值均为 1 时,代表了当前全向识别分类器分类性能最好,角度敏感性最低。这个指标计算了 ASV/ASM 到最优的 ASV/ASM 的欧氏距离,并将这个距离归一化,用来对分类器的角度敏感性进行综合评估,值越大,分类器的角度敏感性越大。

5.2　基于卷积神经网络的全向微多普勒特性分类器设计

为了完成基于微多普勒特性的人体运动全向识别任务,本章提出了一种卷积神经网络模型(图 5.2),网络结构参数如表 5.1 所列。利用雷达微多普勒谱图对所提出的模型进行训练,得到分类器,然后用分类器来完成在测试集上的基于微多普勒特性的人体运动全向识别。

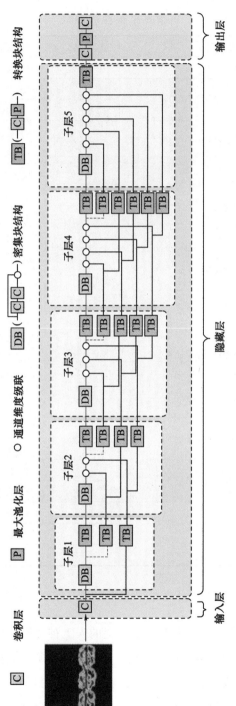

图 5.2 提出的卷积神经网络模型

表 5.1 所提网络模型的参数

模型结构		连接层
输入层		1×1 卷积
隐藏层	密集块结构(子层1)	3×3 卷积,填充 = 1
		1×1 卷积
	转换块结构(子层1)	1×1 卷积
		2×2 池化
	密集块结构(子层2)	3×3 卷积,填充 = 1
		1×1 卷积
	转换块结构(子层2)	1×1 卷积
		2×2 池化
	密集块结构(子层3)	3×3 卷积,填充 = 1
		1×1 卷积
	转换块结构(子层3)	1×1 卷积
		2×2 池化
	密集块结构(子层4)	3×3 卷积,填充 = 1
		1×1 卷积
	转换块结构(子层4)	1×1 卷积
		2×2 池化
	密集块结构(子层5)	3×3 卷积,填充 = 1
		1×1 卷积
	转换块结构(子层5)	1×1 卷积
		2×2 池化
输出层		1×1 卷积
		全局池化
		1×1 卷积

5.2.1 总体设计

本章所提出的卷积神经网络模型采用传统的人工神经网络的经典结构,包括输入层、隐藏层及输出层。输入层通过多个卷积核的运算,将输入的微多普勒谱图转换成多个特征图,输出特征图的尺度与输入特征图相同。隐藏层共包含5个子层,每个子层分别由多个卷积层和池化层构成。隐藏层的功能是实现特征图的非线性变换,以得到具有较强区分力的特征图作为输出。隐藏层中的子层结构及连接方法的具体实现细节将在 5.2.2 节中详细描述。输出层是一个由卷积层和池化层级联的结构,输出用于分类的特征向量。在整个网络模型中,除最后一个卷积层之外,其他的卷积层和池化层后面都包含一个实例正则化层(Instance Normalization,IN)和一个由 ReLU 函数构成的激活层。

5.2.2 隐藏层设计

隐藏层中每个子层主要通过两种块结构进行构建,这两种块结构分别是密集块结构(Dense Block,DB)和转换块结构(Transition Block,TB)。与其他神经网络的连接方式不同,所提出的网络模型中每个子层的连接遵循多输入多输出的连接方式。网络连接方式按照输入输出数目不同可以划分成两种连接结构:主连接结构和辅连接结构。主连接结构按照单输入双输出的连接方式进行连接,每一个隐藏子层中的主连接结构接收来自上一层主连接结构的第一个输出,并将此输出输入到一个密集块结构中。密集块结构的输出形成一个新的分支,分别输出到两个转换块结构中。转换块结构的输出作为该子层主连接结构的输出。辅连接结构仅包含了多个转换块结构,由这些转换块结构接收来自上一个隐藏子层主连接结构的第二个输出,以及上一个隐藏子层辅连接结构的所有输出(图 5.2)。

在整个隐藏层中,不同的块结构的作用不同。密集块是一种由跨层连接组成的结构。这种结构首次在文献[62]中提出,并且经文献[62,161]实验证明这种块结构可以有效降低网络模型的过拟合。本章设计的密集块结构如图 5.3 所示。每一个隐藏子层都包括一个密集块结构,该结构由两个卷积层组成,第一层卷积的卷积核尺度为 3×3,第二层卷积的卷积核尺度为 1×1。第一层卷积核的感受野更大,主要用于学习特征图邻域特征之间的相关性。第二层卷积核的作用是对第一层输出的特征图中每一个元素进行非线性变换,实现对第一层输出特征的压缩,以减轻密集块结构内的过拟合。将密集块结构输入的特征图与第二层卷积输出的特征图叠加,作为密集块结构的总输出。块内叠加的方式增加了特征图的复用,当误差反向传播时,梯度可以从多条路径对块内结构优化,使得学习更加充分。

辅连接结构的主要作用有两点:一是实现层级特征的多条连接,使得网络中

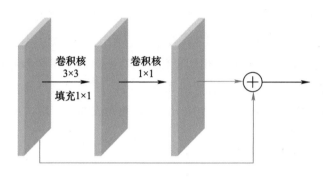

图 5.3　密集块结构

的信息流由单条传递变为多条传递,这样可以使相同位置的参数在反向误差传递时通过多条路径得到多次更新;二是实现不同感受野尺度特征图的复用。不同隐藏层提取的层级特征的感受野各不相同,所以每个隐藏层输出的特征图尺度不同。为了实现这些特征的复用,需要将这些不同尺度的特征图的尺度进行归一化,辅连接结构中的转换块结构承担了特征图尺度归一化的作用。转换块结构由一个卷积层和一个池化层构成。卷积层的卷积核尺度为 1×1,其目的在于对不同感受野尺度特征图进行非线性映射,为后续特征图的融合进行预处理。池化层的功能是对预处理后的特征图进行下采样,实现特征图的尺度归一化。这种层级特征的尺度归一化过程在辅连接结构上形成了多连接,实现了层级特征的多信息流传递。将经过转换块结构后输出的特征图进行叠加,并输入到主连接结构中,与主连接结构的输出进行融合,融合后的特征图作为主连接结构中转换块的输入。经过主连接结构的转换块输出。融合后的层次特征作为下一个隐藏子层中密集块结构的输入,从而实现了不同感受野尺度特征图的复用。

本章提出的这种隐藏层设计,不仅通过密集块结构实现了相同感受野尺度特征图的复用,还通过多连接方式及转换块结构实现了不同感受野尺度特征图的复用。通过这种方法建立的多连接结构能加强网络模型的学习能力,使得隐藏层输出的特征包含更加丰富的信息量,有助于提升识别任务的效果。

5.2.3　输出层设计

为了避免全连接层对神经网络训练造成的影响,本章所提出的模型重新设计了输出层结构。在提出的卷积神经网络结构中,输出层的设计准则包括以下两点。

（1）输出层可以输出一个具有特定长度的向量。

（2）输出层的学习基于参数实现,但是应该尽量减少参数量。

在这两个准则下,输出层被设计为三层。第一层是卷积层,卷积核的尺寸为 1×1,其输入为隐藏层输出的特征图。该层的运算不改变输入特征图的尺度及数量。第二层是池化层,其功能是对整个特征图的区域范围进行最大池化运算,输出是尺度为 1×1 的多个特征图。第三层是卷积核尺度为 1×1 的卷积层,其卷积核数量与待分类的类型总数相同。最终得到一个长度与待分类类型数相同的特征向量,作为后续损失函数的输入。

5.3　基于多角度分类器的全向识别实验结果及分析

5.3.1　实验设置

⸱┄┄┄ 5.3.1.1　全角度雷达信号仿真实验 ┄┄┄⸱

为了准确描述全角度雷达仿真实验的设置,本小节采用极坐标系统描述仿真过程,如图 5.4 所示。

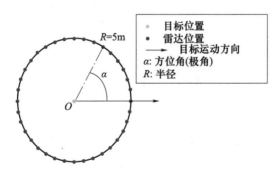

图 5.4　雷达仿真实验极坐标系

人体运动目标的初始位置在极坐标原点 O,人体运动方向为 $\alpha = 0°$,用图 5.4 中箭头表示。仿真过程中,在水平面上围绕原点 O 布置了 36 个单基站雷达,雷达之间的角度间隔为 $10°$,距离原点 5m,如图 5.4 中的红色圆点所示。雷达波束径向方向指向原点。由于在仿真中同时布置了多个雷达,每一次人体运动仿真过程能够得到 36 个角度下的雷达人体运动信号。

5.3.1.2 全角度雷达信号实测实验

在实际的雷达信号探测中,由于室内存在多径效应以及天线耦合产生的噪声,会对人体运动的回波信号造成干扰,所以在实验中没有利用多台单基站雷达同时进行数据采集。为了获得不同方位角方向上的雷达人体运动谱图,每改变一次运动方向,就进行一次探测,通过多次采集的方式在全角度上探测得到雷达人体运动谱图。

利用直角坐标系对实际探测实验进行描述,实验设置如图 5.5 所示。定义 x 轴的延伸方向为 $\alpha = 0°$,人的运动方向从 $\alpha = 0°$ 至 330°,运动方向的角度步长为 30°。雷达波束径向方向指向原点。人体目标由坐标系原点向不同方向进行运动。单基站雷达的接收天线到目标的距离与在仿真实验中相同,均为 5m。共采集 3 种不同运动,每种运动沿不同方向分别重复测量 5 次,总共进行了 $5 \times 3 \times 12 = 180$ 次采集。采集过程每个动作至少持续 3s,与雷达仿真实验保持一致。

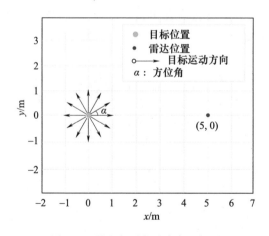

图 5.5 雷达实测实验直角坐标系

5.3.1.3 MAC 数据集构成

对 5.3.1.1 节与 5.3.1.2 节实验得到的谱图进行随机抽取,并构建训练数据集。在仿真谱图中,分别抽取每种动作、每个角度上的 400 张谱图作为训练集,200 张谱图作为测试集;在实际探测中,分别抽取每种动作、每个角度上的 66 张谱图作为训练集,33 张谱图作为测试集。MAC 的训练集和测试数据集的数量如表 5.2 所列。

表 5.2　MAC 的训练集/测试集划分

数据集	数据类型	数据量
训练集	仿真数据	3(动作)×400(谱图/(动作×角度))×36(角度)
	实测数据	3(动作)×66(谱图/(动作×角度))×12(角度)
测试集	仿真数据	3(动作)×200(谱图/(动作×角度))×36(角度)
	实测数据	3(动作)×33(谱图/(动作×角度))×12(角度)

5.3.1.4　训练方法及超参数设置

实验中,根据所提卷积神经网络模型,谱图的输入尺度为 224×224,本节采用批梯度法对网络模型参数进行优化,在所设计的神经网络模型上,对参数按高斯分布进行初始化,动量设置为 0.9,批次数设置为 256,权值衰减参数设置为 0.005。初始学习率设置为 0.001,最大迭代次数为 3000 次。实验用工作站的配置为 Ubuntu Linux 14.04 操作系统,NVIDIA GeForce GTX Titan X edition GPU,3.4GHz Intel E3 1231 – v3 CPU。为了用 GPU 实现深度学习算法,用 Cuda 和 CuDNN 函数库对 GPU 进行加速。

5.3.2　实验结果及分析

选择文献[49]和文献[162]中提出的模型,以及文献[163]、文献[128]、文献[62]、文献[161]和文献[58]中提出的卷积神经网络模型作为对比。经过训练,在仿真数据集和实测数据集上分别得到了 8 个 MAC。

5.3.2.1　仿真数据集实验结果分析

仿真实验是在 36 个角度上进行,在测试集上每个 MAC 得到的 ASV 长度为 36。为了方便分析,将 8 组由不同方法得到的 ASV 以折线图的方式进行显示,如图 5.6 所示。此外,按照 5.1.3 节的评价指标对 8 组 ASV 进行性能评估,评估结果如表 5.3 所列。

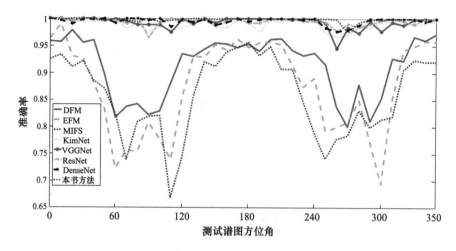

图 5.6 仿真数据集下不同 MAC 的分类结果

表 5.3 仿真数据集下不同 MAC 的角度敏感性评估指标结果

方法	均值	标准差	欧氏距离
Kim 等[49]	0.9128	0.0554	0.1029
Karabacak 等[162]	0.8749	0.0845	0.1503
Tekeli 等[163]	0.8596	0.0738	0.1581
Kim 等[58]	0.9891	0.0091	0.0141
Simonyan 等[128]	0.9930	0.0026	0.0130
He 等[62]	0.9944	0.0018	0.0091
Huang 等[161]	0.9956	0.0013	0.0076
本书模型	0.9980	0.0030	0.0048

从表 5.3 可以看出,传统的基于特征提取的方法以及基于卷积神经网络的方法在结果上有明显的差异。基于特征的方法中,虽然训练后分类器的平均准确率在 85% 以上,但对应的标准差要远大于深度学习方法。从图 5.6 中可以看出,当雷达仿真谱图的方位角为 90°和 270°左右时,3 种传统方法对应的 ASV 在这两个角度区域上有两个明显的回落。这一现象表明,传统的特征提取方法在人体运动方向与雷达波束径向方向正交时,识别效果较差。原因是由于特征提取方法在对切向方向的微多普勒特性进行提取时多普勒频移不明显(图 5.1),所以区分度较差。

从图 5.6 可以看到,几乎所有基于卷积神经网络的方法在对不同方位角上的谱图进行识别时准确率都接近100%。这一结果表明,基于卷积神经网络的全向微多普勒分类器对方位角不敏感,经过充分训练的卷积神经网络能够用在基于单基站雷达系统的全向识别任务中。

传统的基于特征提取的方法和基于卷积神经网络的方法在性能上的差异说明,切向方向上的识别效果决定了人体微多普勒特性全向识别效果的优劣。卷积神经网络强大的学习能力可以使训练得到的分类器对切向方向的微多普勒谱图进行识别,基于卷积神经网络的 MAC 对角度的敏感性非常低。

5.3.2.2　实测数据集实验结果分析

实测数据集中的谱图来自从 12 个方位角采集到的微多普勒信号,通过计算得到 ASV 向量长度为 12,8 种方法获得的 ASV 可视化结果如图 5.7 所示。按照 5.1.3 节的指标对 8 组 ASV 性能进行评估,结果如表 5.4 所列。可以看出,与仿真数据相同,基于卷积神经网络的识别方法优于传统的基于特征提取的方法,并且基于卷积神经网络的 MAC 在测试集上获得的平均准确率超过 95%。实测谱图识别的实验结果进一步证明了基于所提出的卷积神经网络可以通过单基站雷达系统完成人体运动微多普勒全向识别任务。图 5.7 中,ASV 的变化趋势与仿真数据稍有不同,基于实测数据的识别任务在对切向方向的谱图识别时没有特别显著的回落情况。

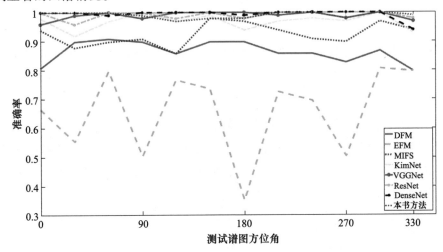

图 5.7　实测数据集下不同 MAC 的分类结果

表 5.4 实测数据集下不同 MAC 的角度敏感性评估指标结果

方法	均值	标准差	欧氏距离
Kim 等[49]	0.8653	0.0379	0.1395
Karabacak 等[162]	0.6599	0.1466	0.3679
Tekeli 等[163]	0.9242	0.0382	0.0841
Kim 等[58]	0.9680	0.0261	0.0406
Simonyan 等[128]	0.9891	0.0139	0.0173
He 等[62]	0.9916	0.0135	0.0154
Huang 等[161]	0.9933	0.0174	0.0180
本书模型	0.9907	0.0109	0.0140

在基于仿真数据和实测数据的全向识别实验中,基于卷积神经网络模型训练得到的 MAC 对不同方位角采集的谱图具有良好的识别能力。表 5.4 表明,基于卷积神经网络训练得到的分类器识别准确率较高、标准差较低、欧氏距离较近,从而说明了这类分类器对角度的敏感性较小,或对角度几乎不敏感。此外,表 5.4 的结果还表明,用所提出的卷积神经网络模型训练得到的 MAC,识别效果优于其他所有的对比方法。

5.3.3 训练谱图对分类器角度敏感性的影响

当利用基于卷积神经网络的 MAC 进行全向识别时,需要对全方向上的微多普勒谱图进行仿真/实测实验。5.3.2 节中的实验结果证明,当训练数据完全覆盖测试集中的角度时,基于卷积神经网络的 MAC 能够解决基于单基站雷达的全向识别问题,此时 MAC 的角度敏感性较小。由于仿真/实测获得数据过程较为复杂,在实际情况中,许多角度的雷达数据很难获取。下面针对训练谱图方位角数量减少的情况,分析 MAC 角度敏感性的变化情况。

按照大于 10° 的步长在仿真数据集上重新选择训练集,保持测试集不变,以研究不同步长的角度采样策略对 MAC 的角度敏感性的影响。改变角度采样的步长,意味着训练谱图中包含的方位角度数量发生改变,使训练集中谱图的总量及谱图方位角的总数发生改变。实验选取 8 个角度作为步长(包括 10°、20°、30°、40°、60°、120°、180°),并按照不同的步长选择对应角度上的训练子集中的谱图构建新训练集。通过 5.2 节中提出的卷积神经网络分别在按照这 8 种步长构建的训练集上进行训练,得到对应的8个MAC。以5.3.1.1节中的测试集对这8个MAC进行测试得到ASV,并按照5.1.3节中提出的性能评估指标对得到的ASV进行指标计算,得到这8个MAC的角度敏感性评价结果,如图5.8所示。

从图5.8可以看出,随着选择步长加大,MAC的准确率不断降低,标准差和欧氏距离同时升高,说明角度敏感性不断增加。这个结果说明,降低角度采样步长能够降低角度敏感性,因为当采样步长较小时,训练数据增多,同时样本丰富程度也增加。此外,当角度步长小于40°时,训练的得到的MAC在全向识别任务上准确率仍然可以达到90%以上。这是一个具有应用价值的结果,即当训练谱图的方位角不能完全覆盖测试集中谱图的采集方位角时,按照等步长的选取方法对训练数据进行选取,只需选取原数据量的1/4,就可达到90%以上的识别准确率,这个结果对实际的微多普勒识别应用具有较大价值。

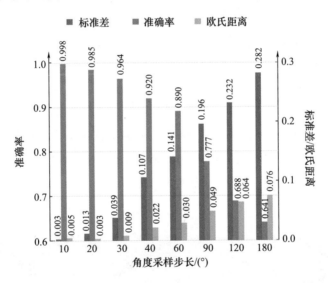

图5.8 不同步长构建训练集对MAC角度敏感性的测试结果

5.4 基于单角度分类器的全向识别实验结果及分析

5.4.1 实验设置

本节实验数据的获取方式与5.3.1节相同。按照5.1.3节定义的方法,在数据集构建方面,基于 SAC 的全向识别需要分别按照训练集中谱图采集的方位角进行子集划分,SAC 的训练和测试数据集谱图如表 5.5 所列。

表 5.5 SAC 的训练集/测试集划分

数据集	数据类型	数据量
训练集	仿真数据	3(动作)×400(谱图/(动作×角度))
	实测数据	3(动作)×66(谱图/(动作×角度))
测试集	仿真数据	3(动作)×200(谱图/(动作×角度))×36(角度)
	实测数据	3(动作)×33(谱图/(动作×角度))×12(角度)

本实验中,训练方法及超参数设置与 5.3.1.4 节完全一致。

5.4.2 实验结果及分析

本节实验选取的 7 种对比方法与 5.3 节相同,经过不同的方法训练后,分别在仿真数据集和实测数据集上得到了 8×36 个 SAC。

┈┈┈ 5.4.2.1 仿真数据集实验结果分析 ┈┈┈

按照表 5.5 中划分的实验数据集可知,每种方法训练得到的 36 个 SAC 在测试集上测试后得到的结果可以构成 36×36 的 ASM。将 8 种方法得到的 ASM 进行可视化(图 5.9),并通过角度敏感性评价指标对这 8 个 ASM 进行评估,结果如表 5.6 所列。

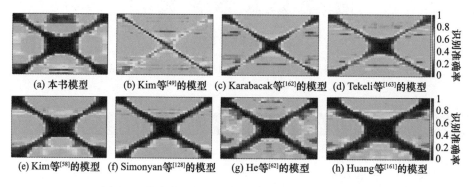

(a) 本书模型 (b) Kim等[49]的模型 (c) Karabacak等[162]的模型 (d) Tekeli等[163]的模型

(e) Kim等[58]的模型 (f) Simonyan等[128]的模型 (g) He等[62]的模型 (h) Huang等[161]的模型

图 5.9 仿真数据集下不同方法模型测试得到的 ASM

表 5.6　仿真数据集下不同 SAC 的角度敏感性评估指标结果

方法	均值	标准差	欧氏距离
Kim 等[49]	0.4450	114.7503	0.5769
Karabacak 等[162]	0.4695	128.1375	0.5715
Tekeli 等[163]	0.4903	112.9754	0.5555
Kim 等[58]	0.5890	83.4535	0.4820
Simonyan 等[128]	0.5498	120.2802	0.5196
He 等[62]	0.5853	59.0384	0.4909
Huang 等[161]	0.6270	74.1425	0.4590
本书模型	0.6605	46.1001	0.4081

图 5.9 中的每个 ASM 都呈现出类似于字母 "X" 的形状，说明识别准确率较高的情况主要集中在主对角线和副对角线。对于每一个 SAC，主对角线上识别效果较好的原因是其训练数据集与测试数据集的数据方位角相同。此外，副对角线上识别效果较好的原因是训练数据集的谱图和测试数据集的谱图具有较大的相似性（图 5.1）。这是由于仿真数据集选用的人体运动模型在运动时，每个连接结构相对于雷达而言运动轨迹不受遮挡的影响，故此时人体仿真模型各部位的运动速度在方位角为 α 和 $360° - \alpha$ 时，其径向方向上的速度分量基本相同。利用方位角为 α 的谱图训练得到的 SAC 不但能够对雷达仿真谱图在相同方位角的测试子集上准确识别，也同时能够对方位角为 $360° - \alpha$ 的谱图进行准确识别。

用所提出的神经网络模型，在训练集的谱图采集方位角为 $[0°, 90°]$ 时，训练得到的 SAC 可以对采集方位角为 $[150°, 210°]$ 的谱图进行高准确率的识别（图 5.9(a)），而其他方法训练得到的分类器都不能达到这样的识别准确率。这表明本书提出的方法具有更好的泛化性，在微多普勒全向识别任务中性能优于其他方法。

·······5.4.2.2　实测数据集实验结果分析·······

用实测数据集训练的 SAC，在测试集上训练得到的 ASM 尺寸为 12×12。将

8种方法得到的ASM进行可视化,如图5.10所示。用角度敏感性评价指标对这8个ASM进行评估,评估结果如表5.7所列。

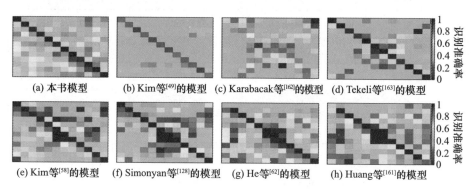

(a) 本书模型　　(b) Kim等[49]的模型　(c) Karabacak等[162]的模型　(d) Tekeli等[163]的模型

(e) Kim等[58]的模型　(f) Simonyan等[128]的模型　(g) He等[62]的模型　(h) Huang等[161]的模型

图5.10　实测数据集下不同模型测试得到的ASM

表5.7　实测数据集下不同方法的SAC的角度敏感性评价结果

方法	均值	标准差	欧氏距离
Kim 等[49]	0.3805	22.7147	0.6370
Karabacak 等[162]	0.4637	14.1927	0.5696
Tekeli 等[163]	0.4625	15.3815	0.5814
Kim 等[58]	0.5273	5.7638	0.5356
Simonyan 等[128]	0.5218	9.3167	0.5426
He 等[62]	0.5388	5.5687	0.5096
Huang 等[161]	0.5567	6.3462	0.4919
本书模型	0.5672	4.7306	0.4736

从图5.10可知,与仿真数据集的实验结果类似,对于所有方法,SAC的ASM识别准确率较高的区域在ASM的主对角线上。这同样是由于这时训练和测试谱图的方位角一致。但是,在实测数据集上,副对角线上的准确率却不够高,这反映了训练集谱图和测试集谱图的相似程度较低。造成这一点现象的原因主要有两个方面:

(1) 实测实验时由于仅布置了一台单基站雷达系统,实验人员需要在不同方向上不断地重复作相同的运动多次,每次的运动过程不可能保证完全一致;而仿真实验可以利用多台雷达对同一个运动目标进行仿真探测。

(2) 实测环境下,由于受到人体不同部位之间的遮挡,以及人体的运动不能保证完全左右对称,在方位角为 α 和 $360° - \alpha$ 时获取到的目标运动回波信号相似程度较低。

通过实验可以得出,基于卷积神经网络的方法在以 SAC 作为分类器的微多普勒全向识别任务中比传统的基于特征提取的方法具有更好的效果,并且卷积神经网络训练得到的 SAC 对角度的敏感性也更低。此外,从表 5.7 可以看到,用所提出的卷积神经网络训练得到的 SAC 在微多普勒全向识别任务中的角度敏感性比其他 SAC 低,表明了所提方法的优越性。

5.4.3 模型的设计原则对分类器角度敏感性的影响

为了评估 5.2 节提出的卷积神经网络模型各组成部分在微多普勒全向识别任务中的贡献,本小节设计了一个模型简化测试实验。该实验通过移除网络中不同的结构单元,变换各种网络模型,并按照 5.1.3 节描述的实验方式,评价不同网络结构对 SAC 的角度敏感性的影响。该实验可以对网络中每个设计组件的有效性进行分析。移除不同单元模块的过程如下。

(1)移除密集块结构,采用卷积层连接。

(2)移除辅连接结构。

(3)移除输出层,改用全连接层输出。

这个实验的训练数据和测试数据选用 5.4.1 节中的仿真数据集,根据以上3 种变化的网络结构模型进行训练及测试得到的结果如表 5.8 所列。

表 5.8　模型简化测试实验

模型设计	均值	标准差	欧氏距离
移除密集块结构	0.6585	57.1513	0.4110
移除多层连接	0.6358	49.2594	0.4334
全连接层作为输出层	0.5840	111.4269	0.4932
本书模型	0.6605	46.1001	0.4081

从表 5.8 可以看出,5.2 节中提出的这些模块对降低 SAC 的角度敏感性都有贡献。特别是当移除输出层结构时,用改变结构的网络模型训练得到的 SAC 对角度敏感性明显升高。造成这一现象的原因是:全连接层的参数比本书提出的输出层参数更多,由于所提的网络结构层深较浅,所以全连接层的冗余参数会使得模型产生过拟合,训练得到的 SAC 泛化性能降低,使角度敏感性增加;通过

辅连接结构实现的层级特征复用对降低分类器 ASM 的标准差有明显效果,这说明层级特征的复用能够提升分类器在不同方位角谱图上的识别能力;此外,密集块结构的引入能够有效提升分类器的平均准确率。

5.5 本章小结

本章主要研究了利用单基站雷达系统实现人体行为全向识别任务。首先,提出了微多普勒信号分类器的角度敏感性概念,定义了角度敏感性的评估方法,同时提出角度敏感性的评价指标。其次,设计了一种新的卷积神经网络模型,并利用该模型训练了 SAC 和 MAC 两种分类器,用于全向识别任务。最后,基于仿真数据和实测数据,进行了基于微多普勒特性的人体运动全向识别研究,分析、比较、评价了用所提模型训练得到的 SAC 和 MAC 对角度的敏感性。最后,将所提出模型与其他微多普勒行为识别模型在全向人体行为识别任务上进行性能对比,结果表明,所提模型的性能优于其他方法。

第6章

多任务人体行为分类及身份识别

　　人体活动识别和人员身份识别是智能传感得以实现的重要步骤,已被广泛应用于室内实时定位、活动监控、老年人跌倒检测等方面。一直以来,行为识别和身份识别虽然密切相关,但通常被视为单独的问题。最近有研究表明,同时学习相关任务,即多任务学习,可以提高单个任务的表现[164]。多任务学习是一种归纳传输机制,旨在并行地训练任务并学习足够概括的表示形式。多任务学习受人类学习活动的启发:人们通常将从先前任务中学到的知识应用于帮助学习新任务。通常,机器学习技术需要大量的训练样本来训练模型。在这些学习任务中,所有的学习任务或它们的至少一个子集都被认为彼此相关。在这种情况下,相关研究发现与单独学习它们相比,共同学习这些任务可以大大提高其中某一任务或所有任务的性能。

　　多任务学习(MTL)[164]旨在利用任务之间的相关性提高主要任务或所有任务的泛化性能。它具有以下两个优点:在两个任务之间共享模型,比单一任务加速了学习和收敛过程;多个标签提供了更多关于数据集的信息,能够在训练时对网络进行正则化。此外,在行为识别和身份识别任务之间共享特征提取器,可以降低计算复杂度。基于这些优势,我们提出了一种新的基于卷积神经网络的多任务框架来同时完成人体行为识别和身份识别。

　　本章中,我们的目标是用一个基于多任务学习的深度神经网络来同时增强这两个任务,同时实现行为识别和身份识别双重性能提升。

6.1　多任务身份识别和行为识别

　　本章中,我们提出了一种多任务残差注意力网络(MRA - Net),用于联合的身份识别和行为识别。如图 6.1 所示,MRA - Net 由特征提取器和多任务分类器两部分组成。MRA－Net 首先从微多普勒特征中提取一种公共的特征表示,然后将这个特征表示输入到分类器中,对每个任务进行分类。在基于 CNN 的特征提取器中,使用两种尺度的卷积核提取不同粒度的特征。共享的特性使行为识别和身份识别的属性相结合,共同形成网络输出的特征表示。此外,为了便于特征学习过程,特征提取器中采用了残差注意力机制[165]。最后,我们提出了一种细粒度的损失权值学习机制(FLWL)用于构建模型的损失函数。

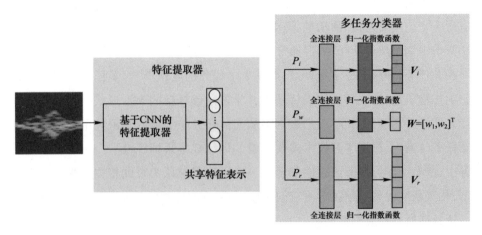

图 6.1　基于多尺度残差注意力的多任务网络(MRA－Net)

在多任务分类器部分,有 3 个分支,即行为识别分支 P_r、身份识别分支 P_i 和细粒度的损失权值学习机制分支 P_w。每个分支分别由一个全连接层和一个归一化指数函数层构成。V_i 和 V_r 分别表示对应的输出向量,用于这两个任务的最终分类,W 为用于自动学习损失权值的输出向量。

6.2　多尺度残差注意力网络

本章提出了一种多尺度残差注意力网络(MRA－Net),用于提取雷达时频图中与行为识别和身份识别有关的语义特征,其结构如图 6.2 所示。该模型利用多尺度学习和残差注意力学习机制来完成特征提取过程。具体来说,特征提取器由 3 个模块组成,每个模块中有 3 个分支:细尺度学习分支(Branch 1)、粗尺度学习分支(Branch 2)和残差注意力学习分支(Branch 3)。所有分支都能够

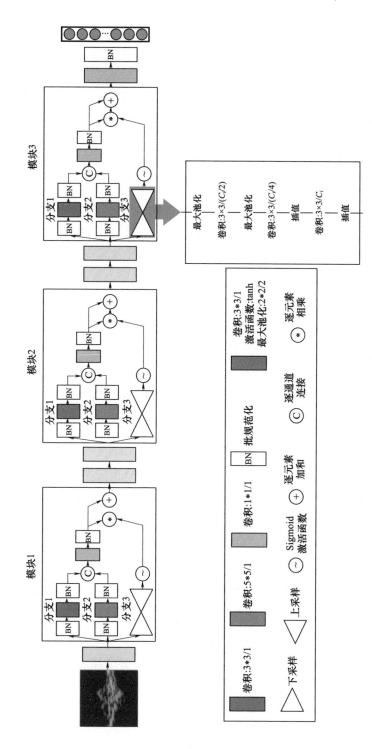

图 6.2　MRA – Net 的特征提取部分

促进特征学习过程。在基于卷积神经网络(CNN)的特征提取器中,卷积核尺寸为 3×3,步长为 1 的卷积操作记为 $3 \times 3/1$,池化(Pooling)操作也以同样的方式表示。

6.2.1 多尺度学习机制

卷积神经网络是专门用于模式识别任务的多层神经网络。它们以较小的输入变化,最少的预处理而闻名,不需要选择任何特定的特征提取器。通常的卷积神经网络体系结构依赖于几个深层神经网络,它们交替使用卷积和池化层。这些深度神经网络属于一类广泛的模型,通常称为多阶段架构模型。这种与池化层交错的卷积体系结构专用于自动特征提取,最终分类由堆叠在顶部的一些经典的全连接层执行。

众所周知,人类视觉是一个多尺度的过程。基于这个思想,本章节中构建了一个由不同尺度的卷积核所构成的卷积神经网络,即多尺度卷积神经网络,用于联合的人体行为识别和身份识别。本章节中提出的多尺度残差注意力网络将多尺度学习结合到传统的 CNN 体系结构中,它具有两个优点:具有多对卷积和池化层的分层学习结构,可以有效地学习高级语义特征;多尺度学习方案可以捕获不同尺度的互补人体运动信息,极大地提高了特征学习能力,并实现了更好的行为和身份识别性能。

多尺度学习机制能够从不同粒度中提取特征,学习更高效的表征。由于不同行为的微多普勒特征也不同,采用多尺度的卷积核可以充分提取不同动作的微多普勒信息,使模型更加具有泛化性。例如"打拳"动作的微多普勒效应更微弱,"走路"动作的微多普勒效应更强。不同卷积核的感受野可以匹配不同尺度的微多普勒频率特征,如图 6.3 所示。在 MRA – Net 中,我们应用两种尺寸的卷积核:在分支 1 中使用 3×3 卷积核,而在分支 2 中使用 5×5 卷积核(图 6.2)。在微多普勒特征中,5×5 核适合学习粗尺度特征,而 3×3 核适合学习细尺度特征。此外,还采用了 1×1 卷积核来融合每个模块中的特征。通过灵活调整信道数量,1×1 卷积核能够在不损失分辨率的情况下显著增加网络的非线性特性,实现跨信道交互和信息集成。由于卷积核不同尺度之间的信息互补,多尺度学习可以显著提高 MRA – Net 的性能。

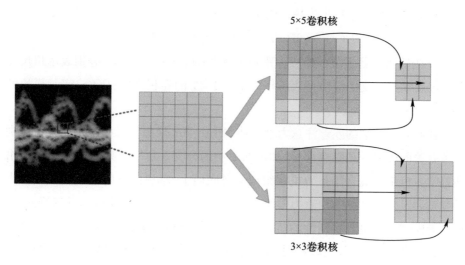

图 6.3　不同卷积核的卷积运算

6.2.2　残差注意力学习

注意力机制通常用于平衡输入数据中可用资源的分配。注意力机制选择性地放大了有价值的特征图并抑制了无价值的特征图,因此已成功应用于许多领域,如图像分割[166]、图像复原及显著性检测[167]、图像重建[168-169]、视觉跟踪[170-171]等。文献[172]首先提出了残差注意力的概念,并利用残差注意力分支学习特征的软掩膜(Soft Mask),生成注意意识的特征。文献[173]使用残差注意力分支来学习单个卷积层输出的软掩膜。该单个卷积层的输出是通过在整个特征图上滑动卷积核而提取的所有训练样本的响应图。此软掩膜代表所有训练样本的注意力图(Attention Map)。通过将响应图与注意力图相乘,可以抑制背景的响应。与此同时,虽然注意力机制能够带来一定程度的性能提升,但是注意力分支的简单堆叠可能会破坏主分支的判别能力。文献[174]融合了多内容注意力机制和沙漏剩余单位来预测人体姿势。文献[175]中提出了残余注意力暹罗网络,为高性能目标跟踪提供了不同种类的注意力机制。以上文献中的注意力机制从输入(或从 CNN 提取的特征)生成注意力权重,然后将其应用于从输入生成的某些特征图上。

在本节中,我们将残差注意力机制融合到所提出的多任务深度学习模型中。通过引入残差注意力学习机制,使 MRA – Net 聚焦于对目标任务更加有利的输

入信息上。图6.2中每个模块的输出可以表示为

$$O_b(x) = (M(x) + 1) \cdot f(O_{p1}(x) + O_{p2}(x)) \tag{6.1}$$

式中:x 为输入的数据块;$M(x)$ 为残差注意力;$O_{p1}(x)$ 和 $O_{p2}(x)$ 分别表示粗尺度和细尺度学习分支的输出;f 表示核大小为 1×1 的卷积操作;$O_b(x)$ 表示模块的输出。

我们采用精细的残差注意力学习使 MRA - Net 聚焦与行为识别和身份识别任务有关的微多普勒频率部分,如图6.2中的分支3所示。残差注意力学习由残差学习机制和混合注意力机制组成。自底向上、自顶向下的前馈残差注意力机制是通过多个堆叠的注意力模块来实现的,这些模块产生注意力感知特征,旨在指导模型生成更具鉴别性的特征表征。堆叠结构是混合注意力机制的基础,不同的注意力模块可以获得不同类型的特征。由于模块叠加导致性能明显下降,采用残差学习机制对深层模型进行优化。

6.2.3 细粒度级损失权值学习

多任务学习将所有任务组合到一个模型中,从而减少计算量,允许这些系统实时运行。先前多任务学习方法在同时学习多个任务时使用简单的加权损失总和,这些损失的权重是一致的,或者是手动调整的[176,178]。但是,损失函数中每个任务对应的权重通常会对多任务学习的性能产生影响。然而,手动搜索最佳权重耗时费力,并且难以通过手动调整找到最优权重。文献[179]提出,每个任务的最佳权重最终取决于任务噪声的大小,并提出了一种使用同方差不确定性组合多个损失函数以同时学习多个目标的方法。

为了使多任务分类器更准确地识别行为和人员身份,我们在多任务分类器中提出了 FLWL 机制,目的是自动为每个任务分配适当的损失权值,从而使模型获得良好的多任务分类性能。给定一个由 N 个微多普勒频谱图及其标签组成的训练集 T:$T = \{S_n, L_{rn}, L_{in}\}_{n=1}^N$,其中 S_n 为第 n 个输入的微多普勒频谱数据,L_{rn} 为该数据对应的行为标签,L_{in} 为对应的身份标签。$X_n \in \mathbf{R}^{d \times 1}$ 表示 S_n 的深层特征表示,即

$$X_n = g(S_n; \Theta) \tag{6.2}$$

式中:Θ 为 MRA - Net 特征提取器层中需要优化的所有参数;g 为输入微多普勒频谱到共享特征表示之间的非线性映射。

多任务训练过程中,假设行为识别任务和身份识别任务的训练损失分别表示为 Loss_r 和 Loss_i。然后,将总损失计算为两个单项损失的加权和,记为

$$\text{Loss}_{\text{overall}} = w_r \times \sum_{n=1}^{N} \text{Loss}_r(S_n, L_{rn}) + w_i \times \sum_{n=1}^{N} \text{Loss}_i(S_n, L_{in}) \qquad (6.3)$$

式中:$\text{Loss}_{\text{overall}}$ 表示模型的整体损失;w_r 表示行为识别任务的损失权值参数;w_i 表示身份识别任务的损失权值参数。

传统的损失权值设置方法是贪婪搜索算法,贪婪搜索算法受到搜索步长的影响。较大的步长会导致搜索过程收敛困难,而较小的步长则会耗费大量时间。在这种情况下,本章所提方法首先利用贪婪搜索算法进行初始化,确定两个损失权值的粗略比值范围。实验采用了几个典型的比值 r_w,在该取值下行为识别和身份识别的实验结果如图所示。如图 6.4 所示,与行为分类任务相比,身份识别任务对 r_w 更加敏感。此外,当 r 在 2/3 和 1 之间时,身份识别和行为分类的准确率都保持在较高水平。

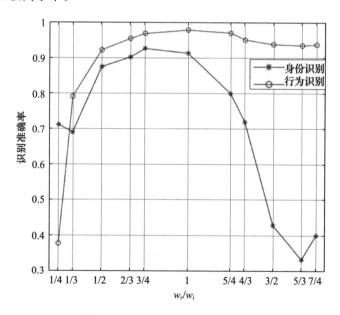

图 6.4 权重损失的初始化过程

基于粗略的贪婪搜索的结果,我们进一步设计了图 6.1 所示的多任务分类器的损失函数。具体来说,除了用于行为识别和身份识别的 P_i 和 P_r 两个分支外,我们提出了另一个用于权重自动学习的 P_w 分支。设 $\alpha_p \in \mathbf{R}^{d \times 2}$ 和 $\beta_p \in \mathbf{R}^{2 \times 1}$ 分

别是 P_w 的 FC 层的权值矩阵和偏置向量。然后,将该 FC 层的输出结果输入到 Softmax 层,得到

$$w = \text{Softmax}(\boldsymbol{\alpha}_p^{\text{T}} X_n + \beta_p) \tag{6.4}$$

式中: $w = [w_1, w_2]^{\text{T}}$,且满足 $w_1 + w_2 = 1, 0 < w_{1,2} < 1$。因此,多任务神经网络 MRA – Net 的整体损失函数为

$$\text{Loss}_{\text{overall}} = (2 + \max(w_1, w_2))\text{Loss}_r + (2 + \min(w_1, w_2))\text{Loss}_i \tag{6.5}$$

式中: Loss_i 为身份识别任务的交叉熵损失函数; Loss_r 为行为分类任务的交叉熵损失函数。因此,权重比 r_w 可以表示为

$$r_w = \frac{w_r}{w_i} = \frac{(2 + \min(w_1, w_2))}{(2 + \max(w_1, w_2))} = \frac{(2 + \min(w_1, w_2))}{(3 - \min(w_1, w_2))} \tag{6.6}$$

式中: w_r 为行为识别的损失权重; w_i 为人物识别的损失权重。这样,MRA – Net 模型在 $r_w \in [2/3, 1]$ 限制下得到优化,并为行为识别和身份识别任务分别自动分配最优权重。

6.3 实验环境搭建及雷达数据处理

6.3.1 实验环境搭建

我们利用超宽带雷达模块 PulsON 440 采集实测雷达时频数据(图 6.5 (a)),并构建了一个雷达微多普勒频谱实测数据集。雷达参数如表 6.1 所列。PulsOn 440 模块(简称 P440)是一种波段在 3.1~4.8GHz 之间的超宽带无线收发器,它可以实现采用双向飞行时间(TW – TOF)方式在 2 个或者 2 个以上的模块之间进行测距,测量准确度可达 2cm;它可以在两个或多个模块之间实现通信;可作为单基地雷达,双基地雷达或者多基地雷达工作;可同时执行 4 种功能(测距、数据传输、单基地雷达和多基地雷达)。与此同时,它的发射功率极小(~50μW),具备用优化双向飞行时间测距的组网功能,网络测距可以采用 ALOHA(随机)或者 TDMA(时分多址)协议。除此之外,它支持多达 11 个独立信道,因此可以实现 CDMA(Code Division Multiple Access 码分多址)组网。

沿着雷达径向以速度v奔跑

UWB雷达

1.0m

(a) PulsON 440超宽频雷达模块　　　　　　(b) 实验场景

图6.5　实验部署

表6.1　雷达参数

中心频率	4.0GHz
脉冲带宽	1.8GHz
脉冲重复频率(PRF)	290GHz
相干处理间隔(CPI)	0.2s

实验是在室内环境中进行的。雷达被放置在 1m 的高度,人体目标在雷达的视线内的径向方向上活动。雷达的测量距离在 1.5～7.5m。实验场景如图 6.5(b)所示。在每个实验场景中,实验人员连续做指定的行为约 1.5 s。这个数据集中包含了 30 个场景,对应于 6 个实验人员分别做的 5 个行为。表6.2记录了 6 个实验人员的基本特征,其中 5 项行为如下:直接走向/远离雷达(Walk);站位拳击(Box);直接奔向/远离雷达(Run);向前跳跃(Jump);绕圈跑(Run in a Circle/cirle)实测数据样本数量如表 6.3 所列。

表6.2　实验人员信息

	#1	#2	#3	#4	#5	#6
性别	男	男	男	女	男	女
年龄	23	25	23	23	23	24
身高/cm	173	178	172	166	188	169
体重/kg	73	71	75	66	92	52

表6.3 数据集各实验人员各行为数目统计

实验人员	行为				
	走向/远离雷达	奔向/远离雷达	向前跳跃	绕圈跑	站位拳击
#1	340	338	166	396	266
#2	388	282	160	356	197
#3	233	237	220	430	158
#4	208	211	100	242	141
#5	256	175	190	320	145
#6	177	414	197	316	239

6.3.2 雷达数据采集及预处理

雷达数据预处理如图6.6所示。首先对原始数据采用运动目标指示法抑制背景杂波,然后进行滑动窗口为1s的短时傅里叶变换(Short - time Fourier Transform,STFT)。数据处理过程中,为了充分利用每个场景获取的连续雷达运动数据,使用滑动窗口时连续帧的重叠为0.36s。然后,将在每一场景中获取的雷达回波数据转化为一系列微多普勒频谱图。几个典型微多普勒频谱图如图6.7所示。每张频谱图的横坐标代表时间,纵坐标代表径向速度。

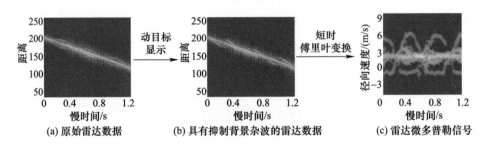

图6.6 雷达数据预处理

6.4 多任务行为识别与身份识别实验结果及分析

6.4.1 性能指标及超参数设置

由于数据集中数据分布不均衡,一个合适的性能指标对于评价联合行为识

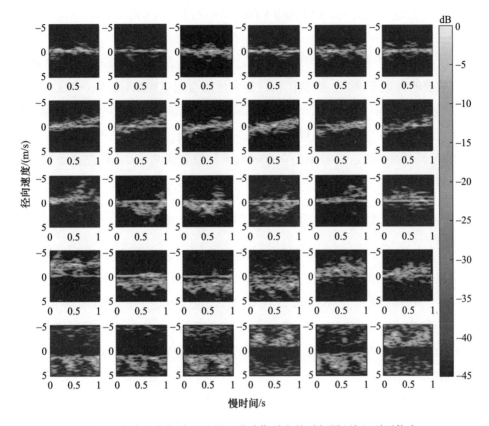

图 6.7 来自 6 个实验人员的 5 种动作对应的时频图(从上到下依次
代表以下动作:打拳、绕圈跑、跳、跑、走)

别和身份识别的性能是必不可少的。本书采用的数据集存在数据不平衡问题,
例如,实验人员#4 的跳跃动作的数据数目仅为实验人员#3 的跳跃动作数据数目
的一半。在这种情况下,除了准确性之外,还应该引入更多的度量来全面评估两
个任务的性能。4 种测量类型,即真阴性(TN)、假阳性(FP)、假阴性(FN)和真
阳性(TP),经常被用于评估机器学习算法的性能。然后用 TN、FN、TP、FP 计算
两个任务的精确度 Accuracy、准确率 Precision、召回率 Recall 和 F1 得分
F1 − score,即

$$Accuracy = (TN + TP)/(TN + TP + FN + FP)$$
$$Precision = TP/(TP + FP)$$
$$Recall = TP/(TP + FN)$$

(6.7)

$$F1 - score = 2 \times (Recall \times Precision)/(Recall + Precision) \quad (6.8)$$

式中:F1 得分是一个综合考虑精确度和召回率的指标。

实验中,多任务深度学习模型的训练和优化是在 Tensorflow 上实现。模型在有监督的方式下训练。模型优化过程中使用自适应矩估计(Adam)优化器更新网络参数。mini - batch 大小为 128。采用交叉熵函数计算每个任务的预测与目标之间的损失。此外,我们对损失增加了 L2 惩罚。所有权值和偏差都采用随机正交的初始化方式,学习率为 0.00005,动量设置为 0.9。我们把这个模型训练了 400 次。

6.4.2 人体行为识别及身份识别实验结果分析

我们在 MAR - Net 上采用了五折交叉验证法进行实验。表 6.4 中的实验结果展示了 MRA - Net 在身份识别和行为识别任务的性能。与此同时,MRA - Net的网络结构不仅可以用于 MTL,还可以稍作改动用于单任务(STL)学习。当将 MRA - Net 应用于单任务学习时,如行为分类任务,需将图 6.1 中 MRA - Net 的 P_w 和 P_i 移除,保留 P_r。这样,MAR - Net 就转化为单任务学习模型。

表6.4 所列为 MRA - Net 用于单任务识别和多任务演习时的测试 F1 分数,无论使用 MRA - Net 进行 MTL 学习还是 STL,MRA - Net 都能够在两个任务上取得良好的性能,F1 得分均在 90% 以上。F1 得分高,表示对应的准确率和召回率足够高。具体来说,在 MTL 和 STL 中,MRA - Net 的行为分类的 F1 分均在 98% 左右。同时,MTL 中的 MRA - Net 身份识别的性能优于 STL 中的性能,F1 分数相差 4.53%。这一结果表明,MRA - Net 在 MTL 中学到的共享特征表示具有更强的通用性,更有利于身份识别任务的完成。

表6.4 MRA - Net 用于单任务识别和多任务识别时的识别结果

	行为识别	身份识别
MRA - Net 用于多任务	98.29%	95.87%
MRA - Net 用于单任务行为识别	97.61%	×
MRA - Net 用于单任务身份识别	×	91.34%

接下来,图 6.8 展示了 MTL 中行为识别和身份识别任务的混淆矩阵。如

图6.8(a)所示,根据其行为,实验人员#5是最容易识别的人。从表6.2实验人员信息可以看出,由于他的生理特性,如身高和体重等,实验人员#5具有较大的雷达横截面(RCS),因此,他的后向散射回波更强烈。另外,实验人员#1和#3很容易混淆,这可能是由于他们相似的生理特性和行为方式。在图6.8(b)中,走路是最容易被识别的行为,这说明了走路的微多普勒频率特征比其他行为更具识别力。绕圈跑动作的召回率低于其他动作的召回率。这是因为当一个人在雷达前绕圈跑时,人与雷达之间的角度会发生动态变化。因此,生成的微多普勒频率特征是可变的,很难识别。此外,跑步和绕圈跑两个动作由于具有一定的相似性,在进行动作识别时容易混淆。

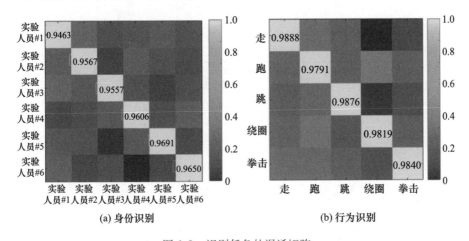

(a) 身份识别　　　　　　　(b) 行为识别

图6.8　识别任务的混淆矩阵

此外,我们分别研究了5种动作用于身份识别时的表现。图6.9列出了跑、跳、走、打拳和绕圈跑5种动作用于识别身份时的F1分数。从图中可以看出,这5种行为都可以用于识别F1得分大于90%的人,这说明了这5种动作均可用于身份识别任务。其中,走路这一动作对应的频谱图在身份识别任务上的性能最好,F1得分为96.50%。这说明走路这一动作的频谱图中保留了比其他动作的频谱图更多的个人信息。与之相比,打拳这一动作在身份识别任务上的F1得分最低,约为91.38%。这是由于人在做打拳动作时的雷达横截面小于做其他运动时的雷达横截面,因此打拳动作对应的微多普勒频率特征不像其他运动那样明显。打拳动作用于身份识别任务上的性能略差。

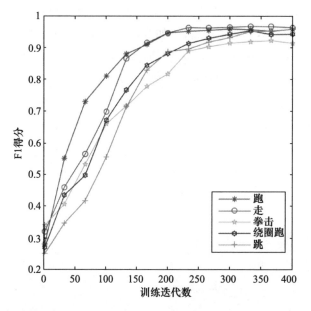

图 6.9　5 种身份识别行为的 F1 得分曲线

6.4.3　方法对比

为了显示通过 MTL 机制将行为识别和身份识别任务相结合的优势,我们将 MRA – Net 在这两种任务上的性能与几种先进的方法进行了比较。我们将文献[180]和文献[181]中的深度卷积神经网络作为身份识别任务的对比方法。结果如图 6.10(a)所示。我们的 MRA – Net 优于这两种方法,比文献[180]中的 DCNN 高出约 4% ,比文献[181]中的 DCNN 高出约 8% 。

同时,我们将文献[58]中的 DCNN、文献[76]中的卷积自编码器(CAE)和文献[67]中的堆叠长短期记忆(Stack LSTM)作为基于雷达的行为识别任务的对比方法,对比结果如图 6.10(b)所示。我们发现,对于行为识别任务,具有 MTL 机制的 MRA – Net 也取得了最好的性能。具体来说,在 3 个对比方法中,CAE 获得了最好的性能,F1 得分为 95.08% ,而堆叠 LSTM 获得了最低的 F1 得分。相比之下,MRA – Net 的性能优于 CAE,其 F1 得分高出 CAE 约 3.21% 。以上结果表明,具有 MTL 的 MRA – Net 能够获得比现有的人体行为雷达识别方法更好的性能。然而,对于这两个任务,MRA – Net 的收敛速度略慢于其他对比方法,这可能是由于 MTL 导致的参数优化复杂性造成的。

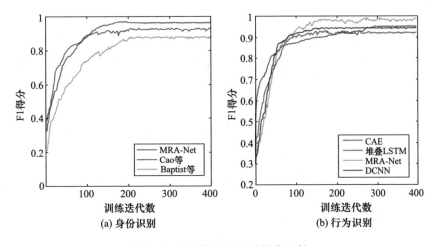

图 6.10 不同方法的测试性能比较

6.4.4 MRA – Net 损失函数权重敏感度分析

在 MTL 中,设置适当的损失权值对模型优化至关重要。如何为 MTL 设定每个任务的最优损失权值仍是一个待解决的问题。本书中,我们提出了 FLWL 机制使 MRA – Net 自动学习每个任务的损失权值,从而为 MTL 带来更好的性能。我们统计了测试集中所有时频图被模型自动分配的权重的比值 r_w,并将结果显示在一个柱状图中,如图 6.11(b)所示。图 6.11(b)显示,r_w 大部分集中在

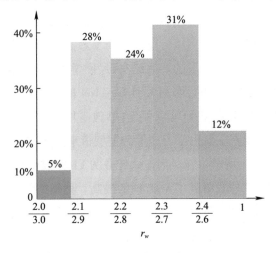

图 6.11 r_w 统计结果条形图

2.3/2.7～2.4/2.6,其次在2.1/2.9～2.2/2.8。基于这个结果,我们手动选择几个具有代表性的 r_w 值,并列出 MRA－Net 在这些比值下的多任务分类性能,如表6.5所列。实验结果表明,所提出的 FLWL 机制能够为每个任务分配适当的损失权,以获得更好的性能。虽然行为识别的性能没有明显提高,但与贪婪搜索相比,采用 FLWL 机制的身份识别任务得到了较高的 F1 分数。此外,相比于贪婪搜索,所提出的机制无需手动设置权重参数,提高了模型优化的效率。

表6.5　不同损失权值比时 MRA－Net 用于多任务分类的 F1 得分

多任务学习		行为识别	身份识别
基于贪婪搜索	$r_w = 2/3$	95.72%	88.97%
	$r_w = 3/4$	97.28%	91.37%
	$r_w = 11/14$	98.43%	94.85%
	$r_w = 12/13$	96.13%	93.16%
	$r_w = 1$	97.45%	90.23%
基于 FLWL 机制		98.29%	95.87%

6.4.5　MRA－Net 网络结构消融分析

为了证明 MRA－Net 中不同模块的必要性和有效性,我们对 MRA－Net 的网络结构进行了消融研究,如表6.6所列。该分析研究了粗尺度学习、细尺度学习和残差注意力学习3个要素对 MRA－Net 性能的影响。实验结果表明,将这3个模块全部应用到 MRA－Net 中时,模型达到了最高的行为识别和身份识别性能,而模型计算量的增加是有限的。因此,粗尺度学习、细尺度学习和残差注意力学习这3个模块都是必要的,均能为 MRA－Net 的性能带来明显的提升。此外,从表6.6中的(1)(3)行我们可以发现,单独应用多尺度学习并不能显著提高结果。相比之下,残差注意力学习能够为模型带来更多的性能提升。例如,对比(2)和(5)行,残差注意学习在行为识别任务的 F1 分数得到了3.66%的提高,在身份识别任务的 F1 分数得到了4.02%的提高。然后,需要注意的是,残差注意力学习机制带来了较高的计算复杂度,使得执行时间增加了83.03%。此外,采用残差注意力学习机制时,采用 3×3 卷积核的细尺度学习比采用 5×5 卷积核的粗尺度学习为模型带来了更多的性能提升。

表 6.6   MRA－Net 的消融研究

	多尺度学习		残差注意力 学习机制	行为识别 F1 得分	身份识别 F1 得分	运行 时间
	粗尺度	细尺度				
(1)	✓	×	×	92.96%	89.75%	2.31s
(2)	×	✓	×	94.52%	90.14%	－13.96%
(3)	✓	✓	×	96.83%	91.30%	＋89.28%
(4)	✓	×	✓	97.71%	93.89%	＋83.03%
(5)	×	✓	✓	98.18%	94.06%	＋75.41%
(6)	✓	✓	✓	98.29%	95.87%	＋136.03%

6.5   本章小结

本章主要研究了一种基于雷达微多普勒频率特征的多任务神经网络 MRA－Net,用于联合行为分类和身份识别。首先探讨了行为分类和身份识别之间的相关性,并利用 MTL 机制在两个任务之间共享计算。MRA－Net 采用多尺度学习和残差注意力机制,从而从输入的微多普勒频谱图中更充分地学习到对多任务识别有利的信息。此外,介绍了一种用于多任务分类的细粒度损失权重学习机制,代替了传统的贪婪搜索算法。

我们构建了一个雷达时频图数据集,其中每个数据具有行为和身份的双重标签,用于优化所提出的模型。实验结果表明,本书提出的 MRA－Net 的多任务联合学习性能较好,其行为识别的 F1 得分为 98.29%,身份识别的 F1 得分为 95.87%。对比实验表明,MRA－Net 对于行为识别和身份识别的性能优于现有的基于雷达的行为和身份单任务识别方法。此外,所提出的细粒度损失权重学习机制进一步提高了 MRA－Net 的性能。消融研究证明了 MRA－Net 特征提取器中各模块的有效性和必要性。

参 考 文 献

[1] POPPE R. A Survey on Vision – Based Human Action Recognition[J]. Image and Vision Computing,2010, 28(6):976 – 990.

[2] 王亮. 步态分析与识别[D]. 北京:中国科学院自动化研究所,2004.

[3] POPOOLA O P,WANG K. Video – Based Abnormal Human Behavior Recognition—A Review [J]. IEEE Transactions on Systems,Man,and Cybernetics,Part C(Applications and Reviews),2012,42(6):865 – 878.

[4] SINGH A,PATIL D,OMKAR S N. Eye in the Sky:Real – Time Drone Surveillance System (DSS) for Violent Individuals Identification Using ScatterNet Hybrid Deep Learning Network[C]. Proceedings of the IEEE Conference on Computer Vision and Pattern Recognition Workshops,2018:1629 – 1637.

[5] GRANT J M,FLYNN P J. Crowd Scene Understanding from Video:A Survey[J]. ACM Transactions on Multimedia Computing,Communications,and Applications (TOMM),2017,13(2):1 – 23.

[6] DOERING M,GLAS D F,ISHIGURO H. Modeling Interaction Structure for Robot Imitation Learning of Human Social Behavior[J]. IEEE Transactions on Human – Machine Systems,2019,49(3):219 – 231.

[7] ZHOU M,DONG H,ZHAO Y,et al. Optimization of Crowd Evacuation with Leaders in Urban Rail Transit Stations[J]. IEEE Transactions on Intelligent Transportation Systems,2019,20(12):4476 – 4487.

[8] 吴顺君,梅晓春. 雷达信号处理和数据处理技术 [M]. 北京:电子工业出版社,2008.

[9] LI J,ZENG Z,SUN J,et al. Through – Wall Detection of Human Beings Movement by UWB Radar[J]. IEEE Geoscience and Remote Sensing Letters,2012,9(6):1079 – 1083.

[10] 费元春. 超宽带雷达理论与技术[M]. 北京:国防工业出版社,2010.

[11] LECUN Y,BENGIO Y,HINTON G E. Deep Learning[J]. Nature,2015,521(7553):436 – 444.

[12] AMIN MG 穿墙雷达成像(国防电子信息技术丛书)[M]. 北京:电子工业出版社,2014.

[13] 方琳琳,周超,王锐,等. 昆虫目标雷达散射截面积特征辅助跟踪算法[J]. 雷达学报,2019,8(5):66 – 73.

[14] LI H J,YANG S H. Using Range Profiles as Feature Vectors to Identify Aerospace Objects[J]. IEEE Transactions on Antennas and Propagation,1993,41(3):261 – 268.

[15] ZYWECK A,BOGNER R E. Radar Target Classification of Commercial Aircraft[J]. IEEE Transactions on Aerospace and Electronic Systems,1996,32(2):598 – 606.

[16] CHOI J W,YIM D H,CHO S H. People Counting Based on an IR – UWB Radar Sensor[J]. IEEE Sensors Journal,2017,17(17):5717 – 5727.

[17] SERLUR P, SMITH G E, AHMAD F, et al. Target Localization with a Single Sensor via Multipath Exploitation [J]. IEEE Transactions on Aerospace and Electronic Systems, 2012, 48(3): 1996 - 2014.

[18] ADIB F, KATABI D. See through Walls with WiFi! [C]. Proceedings of the ACM SIGCOMM, 2013: 75 - 86.

[19] ADIB F, KABELAC Z, KATABI D, et al. 3D Tracking via Body Radio Reflections[C]. Proceedings of the 11th USENIX Conference on Networked Systems Design and Implementation (NSDI'14), 2014: 317 - 329.

[20] LI X, HE Y, YANG Y, et al. LSTM Based Human Activity Classification on Radar Range Profile[C]. IEEE International Conference on Computational Electromagnetics (ICCEM), 2019: 1 - 2.

[21] SAKAMOTO T, MATSUKI Y, SATO T. A Novel UWB Radar 2 - D Imaging Method with a Small Number of Antennas for Simple - Shaped Targets with Arbitrary Motion[C]. 2009 IEEE International Conference on Ultra - Wideband, 2009: 449 - 453.

[22] HUNT A R. Image Formation through Walls Using a Distributed Radar Sensor Array[C]. 32nd Applied Imagery Pattern Recognition Workshop, 2003: 232 - 237.

[23] 张斓子, 陆必应, 周智敏, 等. 基于因子分析法和图像对比度的穿墙雷达杂波抑制[J]. 电子与信息学报, 2013, 35(11): 2686 - 2692.

[24] JIA Y, CUI G, KONG L, et al. Multichannel and Multiview Imaging Approach to Building Layout Determination of Through - Wall Radar[J]. IEEE Geoscience and Remote Sensing Letters, 2014, 11(5): 970 - 974.

[25] 蔡杰松. 基于组稀疏压缩感知的穿墙雷达成像研究[D]. 南京: 南京理工大学, 2017.

[26] 戴耀辉. 超宽带穿墙雷达稀疏成像技术研究[D]. 桂林: 桂林电子科技大学, 2018.

[27] QIAN J, AHMAD F, AMIN M G. Joint Localization of Stationary and Moving Targets behind Walls Using Sparse Scene Recovery[J]. Journal of Electronic Imaging, 2013, 22(2): 381 - 388.

[28] 张俊, 李红柳, 宋卫国. 基于实验的行人与疏散动力学规律研究[J]. 中国科学技术大学学报, 2019, 49(12): 947 - 956.

[29] ZHUGE X, SAVELYEV T G, YAROVOY A G, et al. Human Body Imaging by Microwave UWB Radar [C]. 2008 European Radar Conference, IEEE, 2008: 148 - 151.

[30] RAM S S, MAJUMDAR A. High - Resolution Radar Imaging of Moving Humans Using Doppler Processing and Compressed Sensing[J]. IEEE Transactions on Aerospace and Electronic Systems, 2015, 51(2): 1279 - 1287.

[31] 李廉林, 周小阳, 崔铁军. 结构化信号处理理论和方法的研究进展[J]. 雷达学报, 2015(5): 491 - 502.

[32] 崔国龙, 孔令讲, 杨建宇, 等. 穿墙雷达三维合成孔径成像算法研究[C]. 第十届全国雷达学术年会论文集, 2008: 535 - 538.

[33] ZHAO M, LI T, ABU ALSHEIKH M, et al. Through - Wall Human Pose Estimation Using Radio Signals [C]. Proceedings of the IEEE Conference on Computer Vision and Pattern Recognition, 2018: 7356 - 7365.

[34] ADIB F, HSU C, MAO H, et al. Capturing the Human Figure through a Wall[J]. ACM Transactions on Graphics, 2015, 34(6): 1 - 13.

[35] SAFARIK M, MRKVICA J, PROTIVA P, et al. Three - Dimensional Image Fusion of Moving Human Target

Data Measured by a Portable Through – Wall Radar[C]. 23rd International Conference Radioelektronika (RADIOELEKTRONIKA),2013:308 – 311.

[36] LI T,FAN L,ZHAO M,et al. Making the Invisible Visible:Action Recognition through Walls and Occlusions [C]. Proceedings of the IEEE International Conference on Computer Vision,2019:872 – 881.

[37] 赵帝植. 超宽带 MIMO 雷达三维增强成像技术[D]. 长沙:国防科学技术大学,2018.

[38] CHEN V C. Analysis of Radar Micro – Doppler with Time – Frequency Transform[C]. Proceedings of the Tenth IEEE Workshop on Statistical Signal and Array Processing,2000:463 – 466.

[39] BOULIC R,THALMANN N M,THALMANN D. A Global Human Walking Model with Real – Time Kinematic Personification[J]. The Visual Computer,1990,6(6):344 – 358.

[40] DENAVIT J,HARTENBERG R S. A Kinematic Notation for Lower Pair Mechanisms Based on Matrices [J]. ASME Journal of Applied Mechanics,1955,77:215 – 221.

[41] VAN DORP P,GROEN F C A. Human Walking Estimation with Radar[J]. IEEE Proceedings – Radar,Sonar and Navigation,2003,150(5):356 – 365.

[42] Carnegie Mellon University Motion Capture Database[EB/OL]. http://mocap. cs. cmu. edu/,2020 – 4 – 12.

[43] RAM S S,CHRISTIANSON C,KIM Y, et al. Simulation and Analysis of Human Micro – Dopplers in Through – Wall Environments[J]. IEEE Transactions on Geoscience and Remote Sensing,2010,48(4): 2015 – 2023.

[44] EROL B,GÜRBÜZ S Z. A Kinect – Based Human Micro – Doppler Simulator[J]. IEEE Aerospace and Electronic Systems Magazine,2015,30(5):6 – 17.

[45] 石晓然. 基于微多普勒特性分析的地面慢速目标识别与欺骗干扰方法研究[D]. 西安:西安电子科技大学,2016.

[46] SU B Y,HO K C,RANTZ M J,et al. Doppler Radar Fall Activity Detection Using the Wavelet Transform [J]. IEEE Transactions on Biomedical Engineering,2014,62(3):865 – 875.

[47] AMIN M G,AHMAD F,ZHANG Y D,et al. Human Gait Recognition with Cane Assistive Device Using Quadratic Time – Frequency Distributions[J]. IET Radar,Sonar & Navigation,2015,9(9):1224 – 1230.

[48] 张军. 多站低频雷达运动人体微多普勒特征提取与跟踪技术[D]. 长沙:国防科技大学,2017.

[49] KIM Y,LING H. Human Activity Classification Based on Micro – Doppler Signatures Using a Support Vector Machine[J]. IEEE Transactions on Geoscience and Remote Sensing,2009,47(5):1328 – 1337.

[50] SUN Z,WANG J,SUN J,et al. Parameter Estimation Method of Walking Human Based on Radar Micro – Doppler[C]. IEEE Radar Conference (RadarConf),2017:567 – 570.

[51] 崔文. 多站低频雷达运动人体微多普勒特征提取与跟踪技术[D]. 长沙:国防科技大学,2017.

[52] LEI J,LU C. Target Classification Based on Micro – Doppler Signatures[C]. IEEE International Radar Conference,2005:179 – 183.

[53] FIORANELLI F,RITCHIE M,GÜRBÜZ S Z,et al. Feature Diversity for Optimized Human Micro – Doppler Classification Using Multistatic Radar[J]. IEEE Transactions on Aerospace and Electronic Systems,2017,

53(2):640 – 654.

[54] PADAR M O,ERTAN A E,ĜATAY CANDAN Ç. Classification of Human Motion Using Radar Micro – Doppler Signatures with Hidden Markov Models[C]. IEEE Radar Conference (RadarConf) ,2016:1 – 6.

[55] VILLEVAL S,BILIK I,GÜRBÜZ S Z. Application of a 24GHz FMCW Automotive Radar for Urban Target Classification[C]. IEEE Radar Conference (RadarConf) ,2014:1237 – 1240.

[56] FIORANELLI F,RITCHIE M,GRIFFITHS H. Multistatic Human Micro – Doppler Classification of Armed/ Unarmed Personnel[J]. IET Radar,Sonar & Navigation,2015,9(7):857 – 865.

[57] TIVIVE F,PHUNG S,BOUZERDOUM A. Classification of Micro – Doppler Signatures of Human Motions Using Log – Gabor Filters[J]. IET Radar,Sonar & Navigation,2015,9(9):1188 – 1195.

[58] KIM Y,MOON T. Human Detection and Activity Classification Based on Micro – Doppler Signatures Using Deep Convolutional Neural Networks[J]. IEEE Geoscience and Remote Sensing Letters,2015,13(1):8 – 12.

[59] PARK J,JAVIER R J,MOON T,et al. Micro – Doppler Based Classification of Human Aquatic Activities via Transfer Learning of Convolutional Neural Networks[J]. Sensors,2016,16(12):1990.

[60] DU H,HE Y,JIN T. Transfer Learning for Human Activities Classification Using Micro – Doppler Spectro- grams[C]. IEEE International Conference on Computational Electromagnetics (ICCEM) ,2018:1 – 3.

[61] SIMONYAN K,ZISSERMAN A. Very Deep Convolutional Networks for Large Scale Image Recognition [C]. International Conference on Learning Representations,2015:1 – 14.

[62] HE K,ZHANG X,REN S,et al. Deep Residual Learning for Image Recognition[C]. Proceedings of the IEEE Conference on Computer Vision and Pattern Recognition,2016:770 – 778.

[63] JOKANOVIĆ B,AMIN M G. Fall Detection Using Deep Learning in Range – Doppler Radars[J]. IEEE Transactions on Aerospace and Electronic Systems,2017,54(1):180 – 189.

[64] SEYFIOĈLU M S,GÜRBÜZ S Z. Deep Neural Network Initialization Methods for Micro – Doppler Classifi- cation with Low Training Sample Support[J]. IEEE Geoscience and Remote Sensing Letters, 2017, 14 (12):2462 – 2466.

[65] CRALEY J,MURRAY T S,MENDAT D R,et al. Action Recognition Using Micro Doppler Signatures and a Recurrent Neural Network[C]. 51st Annual Conference on Information Sciences and Systems (CISS) , 2017:1 – 5.

[66] MURRAY T S,MENDAT D R,SANNI K A,et al. Bio – Inspired Human Action Recognition with a Micro – Doppler Sonar System[J]. IEEE Access,2017,6:28388 – 28403.

[67] WANG M,ZHANG Y D,CUI G. Human Motion Recognition Exploiting Radar with Stacked Recurrent Neu- ral Network[J]. Digital Signal Processing,2019,87:125 – 131.

[68] WANG S,SONG J,LIEN J,et al. Interacting with Soli:Exploring Fine – Grained Dynamic Gesture Recogni- tion in the Radio – Frequency Spectrum[C]. Proceedings of the 29th Annual Symposium on User Interface Software and Technology,2016:851 – 860.

[69] YANG Y,HOU C,LANG Y,et al. Open – Set Human Activity Recognition Based on Micro – Doppler Signa-

tures[J]. Pattern Recognition,2019,85:60 - 69.

[70] DENG J,DONG W,SOCHER R,et al. Imagenet:A Large - Scale Hierarchical Image Database [C]. Proceedings of the IEEE Conference on Computer Vision and Pattern Recognition,2009:248 - 255.

[71] SEYFIOCLU M S,EROL B,GÜRBÜZ S Z,et al. DNN Transfer Learning from Diversified Micro - Doppler for Motion Classification[J]. IEEE Transactions on Aerospace and Electronic Systems,2018,55(5): 2164 - 2180.

[72] FIORANELLI F,SHA S A,LI H,et al. Radar Sensing for Healthcare[J]. Electronics Letters,2019,55 (19):1022 - 1024.

[73] ZHANG Z,TIAN Z,ZHOU M. Latern:Dynamic Continuous Hand Gesture Recognition Using FMCW Radar Sensor[J]. IEEE Sens. J. ,2018,18:3278 - 3289.

[74] HE Y,MOLCHANOV P,SAKAMOTO T,et al. Range - Doppler Surface:A Tool to Analyse Human Target in Ultra - Wideband Radar[J]. IET Radar Sonar Navig. ,2015,9:1240 - 1250.

[75] TROMMEL R P,HARMANNY R I A,CIFOLA L,et al. Multi - Target Human Gait Classification Using Deep Convolutional Neural Networks on Micro - Doppler Spectrograms [C]. In Proceedings of the European Radar Conference,London,UK,5 - 7,October,2016:81 - 84.

[76] SEYFIOCLU M S,ÖZBAYOCLU A M,GÜRBÜZ S Z. Deep Convolutional Autoencoder for Radar - Based Classification of Similar Aided and Unaided Human Activities[J]. IEEE Trans. Aerosp. Electron. Syst. , 2018,54:1709 - 1723.

[77] KIM Y,TOOMAJIAN B. Hand Gesture Recognition Using Micro - Doppler Signatures with Convolutional Neural Network [J]. IEEE Access 2016,4:7125 - 7130.

[78] LE H T,PHUNG S L,BOUZERDOUM A,et al. Human Motion Classification with Micro - Doppler Radar and Bayesian - Optimized Convolutional Neural Networks [C]. In Proceedings of the IEEE International Conference on Acoustics,Speech and Signal Processing (ICASSP),Calgary,AB,Canada,15 - 20,April, 2018:2961 - 2965.

[79] EROL B,AMIN M G,ZHOU Z,et al. Range Information for Reducing Fall False Alarms in Assisted Living [C]. In Proceedings of the IEEE Radar Conference,Philadelphia,PA,USA,2 - 6,May,2016:1 - 6.

[80] SHAO Y,GUO S,SUN L,et al. Human Motion Classification Based on Range Information with Deep Convolutional Neural Network[C]. In Proceedings of the International Conference on Information Science and Control Engineering (ICISCE),Changsha,China,21 - 23,July,2017:1519 - 1523.

[81] MOLCHANOV P,GUPTA S,KIM K,et al. Short - Range FMCW Monopulse Radar for Hand - Gesture Sensing[C]. In Proceedings of the IEEE Radar Conference,Arlington,VA,USA,10 - 15,May,2015: 1491 - 1496.

[82] MOLCHANOV P,GUPTA S,KIM K,et al. Multi - Sensor System for Driver's Hand - Gesture Recognition [C]. In Proceedings of the 11th IEEE International Conference and Workshops on Automatic Face and Gesture Recognition (FG),Ljubljana,Slovenia,4 - 8,May,2015,1:1 - 8.

［83］ JOKANOVIC B, AMIN M G, EROL B. Multiple Joint – Variable Domains Recognition of Human Motion ［C］. In Proceedings of the IEEE Radar Conference, Seattle, WA, USA, 8 – 12, May, 2017:0948 – 0952.

［84］ JOKANOVIC B, AMIN M G, AHMAD F. Radar Fall Motion Detection Using Deep Learning［C］. In Proceedings of the IEEE Radar Conference (RadarConf), Philadelphia, PA, USA, 2 – 6, May, 2016:1 – 6.

［85］ EROL B, AMIN M G. Fall Motion Detection Using Combined Range and Doppler Features［C］. In Proceedings of the 24th European Signal Processing Conference (EUSIPCO), Budapest, Hungary, 29 August – 2 September, 2016:2075 – 2080.

［86］ PAN S J, YANG Q. A Survey on Transfer Learning［J］. IEEE Transactions on Knowledge and Data Engineering, 2010, 22(10):1345 – 1359.

［87］ DAI W, YANG Q, XUE G, et al. Boosting for Transfer Learning［C］. International Conference on Machine Learning, 2007:193 – 200.

［88］ FREUND Y, SCHAPIRE R E. Experiments with a New Boosting Algorithm［C］. International Conference on Machine Learning, 1996:148 – 156.

［89］ GE W, YU Y. Borrowing Treasures from the Wealthy: Deep Transfer Learning through Selective Joint Fine – Tuning［C］. Proceedings of the IEEE Conference on Computer Vision and Pattern Recognition, 2017:10 – 19.

［90］ TAN B, SONG Y, ZHONG E, et al. Transitive Transfer Learning［C］. Knowledge Discovery and Data Mining, 2015:1155 – 1164.

［91］ TAN B, ZHANG Y, PAN S J, et al. Distant Domain Transfer Learning［C］. National Conference on Artificial Intelligence, 2017:2604 – 2610.

［92］ PAN S J, TSANG I W, KWOK J T, et al. Domain Adaptation via Transfer Component Analysis［J］. IEEE Transactions on Neural Networks, 2011, 22(2):199 – 210.

［93］ BORGWARDT K M, GRETTON A, RASCH M J, et al. Integrating Structured Biological Data by Kernel Maximum Mean Discrepancy［J］. Bioinformatics, 2006, 22(14):49 – 57.

［94］ ANDO R K, ZHANG T. A Framework for Learning Predictive Structures from Multiple Tasks and Unlabeled Data［J］. Journal of Machine Learning Research, 2005, 6:1817 – 1853.

［95］ LONG M, WANG J, CAO Y, et al. Deep Learning of Transferable Representation for Scalable Domain Adaptation［J］. IEEE Transactions on Knowledge and Data Engineering, 2016, 28(8):2027 – 2040.

［96］ YOSINSKI J, CLUNE J, BENGIO Y, et al. How Transferable Are Features in Deep Neural Networks ［C］. Neural Information Processing Systems, 2014:3320 – 3328.

［97］ GANIN Y, USTINOVA E, AJAKAN H, et al. Domain – Adversarial Training of Neural Networks［J］. Journal of Machine Learning Research, 2016, 17:189 – 209.

［98］ TZENG E, HOFFMAN J, ZHANG N, et al. Deep Domain Confusion: Maximizing for Domain Invariance［EB/OL］. https://arxiv. org/abs/1412. 3474, 2014 – 12 – 10.

［99］ DU H, JIN T, SONG Y, et al. Unsupervised Adversarial Domain Adaptation for Micro – Doppler Based Human Activity Classification［J］. IEEE Geoscience and Remote Sensing Letters, 2020, 17(1):62 – 66.

[100] BOOMINATHAN L,KRUTHIVENTI S,BABU R V. Crowdnet:A Deep Convolutional Network for Dense Crowd Counting[C]. Proceedings of the 24th ACM International Conference on Multimedia,2016:640 – 644.

[101] LI Y,ZHANG X,CHEN D. CSRNet:Dilated Convolutional Neural Networks for Understanding the Highly Congested Scenes[C]. Proceedings of the IEEE Conference on Computer Vision and Pattern Recognition, 2018:1091 – 1100.

[102] EROL B,AMIN M G. Radar Data Cube Processing for Human Activity Recognition Using Multisubspace Learning[J]. IEEE Transactions on Aerospace and Electronic Systems,2019,55(6):3617 – 3628.

[103] DU H,JIN T,SONG Y,et al. A Three – Dimensional Deep Learning Framework for Human Behavior Analysis Using Range – Doppler Time Points[J]. IEEE Geoscience and Remote Sensing Letters,2020,17(4): 611 – 615.

[104] ZHAO M,TIAN Y,ZHAO H,et al. RF – Based 3D Skeletons[C]. Proceedings of the 2018 Conference of the ACM Special Interest Group on Data Communication,2018:267 – 281.

[105] ZHAO M,LIU Y,RAGHU A,et al. Through – Wall Human Mesh Recovery Using Radio Signals [C]. Proceedings of the IEEE International Conference on Computer Vision,2019:10113 – 10122.

[106] KRIEGEL H P,SCHUBERT M,ZIMEK A. Angle – Based Outlier Detection in High – Dimensional Data [C]. Proceedings of the 14th ACM SIGKDD International Conference on Knowledge Discovery and Data Mining,2008:444 – 452.

[107] JANSSENS J,HUSZÁR F,POSTMA E,et al. Stochastic Outlier Selection[R]. Tilburg:Tilburg University, Tilburg Center for Cognition and Communication,2012.

[108] HARDIN J,ROCKE D M. Outlier Detection in the Multiple Cluster Setting Using the Minimum Covariance Determinant Estimator[J]. Computational Statistics & Data Analysis,2004,44(4):625 – 638.

[109] ARNING A,AGRAWAL R,RAGHAVAN P,et al. A Linear Method for Deviation Detection in Large Databases[C]. Knowledge Discovery and Data Mining,1996:164 – 169.

[110] SCHOLKOPF B,PLATT J,SHAWETAYLOR J,et al. Estimating the Support of a High – Dimensional Distribution[J]. Neural Computation,2001,13(7):1443 – 1471.

[111] BREUNIG M M,KRIEGEL H,NG R T,et al. LOF:Identifying Density – Based Local Outliers [C]. International Conference on Management of Data,2000:93 – 104.

[112] TANG J,CHEN Z,FU A W,et al. Enhancing Effectiveness of Outlier Detections for Low Density Patterns [C]. Knowledge Discovery and Data Mining,2002:535 – 548.

[113] HE Z,XU X,DENG S,et al. Discovering Cluster – Based Local Outliers[J]. Pattern Recognition Letters, 2003,24(9):1641 – 1650.

[114] MULLER E,SCHIFFER M,SEIDL T,et al. Statistical Selection of Relevant Subspace Projections for Outlier Ranking[C]. International Conference on Data Engineering,2011:434 – 445.

[115] MULLER E,ASSENT I,IGLESIAS P,et al. Outlier Ranking via Subspace Analysis in Multiple Views of

the Data[C]. International Conference on Data Mining,2012:529 – 538.

[116] ZHAO Y,HRYNIEWICKI M K. XGBOD:Improving Supervised Outlier Detection with Unsupervised Representation Learning[C]. International Joint Conference on Neural Network,2018:1 – 8.

[117] ZHAO Y,HRYNIEWICKI M K,NASRULLAH Z,et al. LSCP:Locally Selective Combination in Parallel Outlier Ensembles[C]. Siam International Conference on Data Mining,2018:585 – 593.

[118] BENDALE A,BOULT T. Towards Open World Recognition[C]. Proceedings of the IEEE Conference on Computer Vision and Pattern Recognition,2015:1893 – 1902.

[119] LIU Z,MIAO Z,ZHAN X,et al. Large – Scale Long – Tailed Recognition in an Open World [C]. Proceedings of the IEEE Conference on Computer Vision and Pattern Recognition,2019:2537 – 2546.

[120] ABATI D,PORRELLO A,CALDERARA S,et al. Latent Space Autoregression for Novelty Detection [C]. Proceedings of the IEEE Conference on Computer Vision and Pattern Recognition,2019:481 – 490.

[121] ZENATI H,FOO C S,LECOUAT B,et al. Efficient GAN – Based Anomaly Detection[EB/OL]. https://arxiv. org/abs/1802. 06222,2019 – 5 – 1.

[122] CHALAPATHY R,CHAWLA S. Deep Learning for Anomaly Detection:A Survey[EB/OL]. https://arxiv. org/abs/1901. 03407,2019 – 1 – 23.

[123] 陈行勇,刘永祥,黎湘,等. 微多普勒分析和参数估计[J]. 红外与毫米波学报,2006,25(5):360 – 363.

[124] 王明阳. 穿墙雷达人体行为识别方法研究[D]. 成都:电子科技大学,2019.

[125] HUBEL D H,WIESEL T N. Receptive Fields,Binocular Interaction and Functional Architecture in the Cat's Visual Cortex[J]. The Journal of Physiology,1962,160(1):106 – 154.

[126] LECUN Y,BOTTOU L,BENGIO Y,et al. Gradient – Based Learning Applied to Document Recognition [J]. Proceedings of the IEEE,1998,86(11):2278 – 2324.

[127] KRIZHEVSKY A,SUTSKEVER I,HINTON G E. Imagenet Classification with Deep Convolutional Neural Networks[C]. Advances in Neural Information Processing Systems,2012:1097 – 1105.

[128] SIMONYAN K,ZISSERMAN A. Very Deep Convolutional Networks for Large – Scale Image Recognition [C]. International Conference on Learning Representations,2015:1 – 14.

[129] 周飞燕,金林鹏,董军. 卷积神经网络研究综述[J]. 计算机学报,2017,40(6):1229 – 1251.

[130] CYBENKO G. Approximation by Superpositions of a Sigmoidal Function[J]. Mathematics of Control,Signals,and Systems,1989,5(4):455 – 455.

[131] NAIR V,HINTON G E. Rectified Linear Units Improve Restricted Boltzmann Machines[C]. International Conference on Machine Learning,2010:807 – 814.

[132] DE BOER P,KROESE D P,MANNOR S,et al. A Tutorial on the Cross – Entropy Method[J]. Annals of Operations Research,2005,134(1):19 – 67.

[133] IOFFE S,SZEGEDY C. Batch Normalization:Accelerating Deep Network Training by Reducing Internal Covariate Shift[C]. Proceedings of the 32nd International Conference on Machine Learning,2015:448 – 456.

[134] DENG J,DONG W,SOCHER R,et al. Imagenet:A Large – Scale Hierarchical Image Database [C]. Pro-

ceedings of the IEEE Conference on Computer Vision and Pattern Recognition,2009:248 – 255.

[135] PARK J,JAVIER R J,MOON T,et al. Micro – Doppler Based Classification of Human Aquatic Activities via Transfer Learning of Convolutional Neural Networks[J]. Sensors,2016,16(12):1990.

[136] 李晓. 基于迁移学习的跨域图像分类方法研究[D]. 西安:西安电子科技大学,2017.

[137] 龙明盛. 迁移学习问题与方法研究[D]. 北京:清华大学,2014.

[138] CHEN Y,WANG Z,PENG Y,et al. Cascaded Pyramid Network for Multi – Person Pose Estimation [C]. Proceedings of the IEEE Conference on Computer Vision and Pattern Recognition,2018:7103 – 7112.

[139] MARTINEZ J A,HOSSAIN R,ROMERO J,et al. A Simple yet Effective Baseline for 3D Human Pose Estimation[C]. International Conference on Computer Vision,2017:2659 – 2668.

[140] GOODFELLOW I,POUGET – ABADIE J,MIRZA M,et al. Generative Adversarial Nets[C]. Advances in Neural Information Processing Systems,2014:2672 – 2680.

[141] BROCK A,DONAHUE J,SIMONYAN K,et al. Large Scale GAN Training for High Fidelity Natural Image Synthesis[EB/OL]. https://arxiv.org/abs/1809.11096,2019 – 2 – 25.

[142] FUGLEDE B,TOPSOE F. Jensen – Shannon Divergence and Hilbert Space Embedding[C]. International Symposium onInformation Theory,2004:31.

[143] 魏秀参. 深度学习下细粒度级别图像的视觉分析研究[D]. 南京:南京大学,2018.

[144] KULLBACK S,LEIBLER R A. On Information and Sufficiency[J]. The Annals of Mathematical Statistics, 1951,22(1):79 – 86.

[145] CHEN C,JAFARI R,KEHTARNAVAZ N,et al. UTD – MHAD:A Multimodal Dataset for Human Action Recognition Utilizing a Depth Camera and a Wearable Inertial Sensor[C]. International Conference on Image Processing,2015:168 – 172.

[146] LONG M,WANG J,DING G,et al. Transfer Feature Learning with Joint Distribution Adaptation [C]. Proceedings of the IEEE International Conference on Computer Vision,2013:2200 – 2207.

[147] MAATEN L,HINTON G E. Visualizing Data Using t – SNE[J]. Journal of Machine Learning Research, 2008,9(11):2579 – 2605.

[148] SPRINGENBERG J T,DOSOVITSKIY A,BROX T,et al. Striving for Simplicity:The All Convolutional Net [EB/OL]. https://arxiv.org/abs/1412.6806,2015 – 4 – 13.

[149] JOKANOVIĆ B,AMIN M G. Fall Detection Using Deep Learning in Range – Doppler Radars[J]. IEEE Transactions on Aerospace and Electronic Systems,2017,54(1):180 – 189.

[150] ZHANG X,DEKEL T,XUE T,et al. MoSculp:Interactive Visualization of Shape and Time[C]. User Interface Software and Technology,2018:275 – 285.

[151] HE Y,CHEVALIER F L,YAROVOY A G,et al. Association of Range – Doppler Video Sequences in Multistatic UWB Radar for Human Tracking[C]. European Radar Conference,2012:218 – 221.

[152] RICHARDS M A. Principles of Modern Radar – Basic Principles [M]. Raleigh:Artech,2010.

[153] 孙伟,张彩明,杨兴强. Marching Cubes 算法研究现状[J]. 计算机辅助设计与图形学学报,2007

(07):947 - 952.

[154] LORENSEN W E,CLINE H E. Marching Cubes:A High - Resolution 3D Surface Construction Algorithm [C]. International Conference on Computer Graphics and Interactive Techniques,1987:163 - 169.

[155] 伍龙华,黄惠. 点云驱动的计算机图形学综述[J]. 计算机辅助设计与图形学学报,2015,27(08): 1341 - 1353.

[156] QI C R,SU H,MO K,et al. Pointnet:Deep Learning on Point Sets for 3D Classification and Segmentation [C]. Proceedings of the IEEE Conference on Computer Vision and Pattern Recognition,2017:652 - 660.

[157] QI C R,YI L,SU H,et al. Pointnet + + :Deep Hierarchical Feature Learning on Point Sets in a Metric Space[C]. Advances in Neural Information Processing Systems,2017:5099 - 5108.

[158] HENDRYCKS D,GIMPEL K. A Baseline for Detecting Misclassified and Out - of - Distribution Examples in Neural Networks[EB/OL]. https://arxiv. org/abs/1610. 02136,2018 - 10 - 3.

[159] GOODFELLOW I,SHLENS J,SZEGEDY C,et al. Explaining and Harnessing Adversarial Examples[EB/ OL]. https://arxiv. org/abs/1412. 6572,2015 - 5 - 20.

[160] LIANG S,LI Y,SRIKANT R,et al. Enhancing the Reliability of Out - of - Distribution Image Detection in Neural Networks[EB/OL]. https://arxiv. org/abs/1706. 02690,2018 - 2 - 25.

[161] HUANG G,LIU Z,VAN DER MAATEN L,et al. Densely Connected Convolutional Networks [C]. Proceedings of the IEEE Conference on Computer Vision and Pattern Recognition,2017:4700 - 4708.

[162] KARABACAK C,GÜRBÜZ S Z,GÜRBÜZ A C,et al. Knowledge Exploitation for Human Micro - Doppler Classification[J]. IEEE Geoscience and Remote Sensing Letters,2015,12(10):2125 - 2129.

[163] TEKELI B, GÜRBÜZ S Z, YUKSEL M. Information - Theoretic Feature Selection for Human Micro - Doppler Signature Classification[J]. IEEE Transactions on Geoscience and Remote Sensing,2016,54(5): 2749 - 2762.

[164] RUDER S. An Overview of Multi - Task Learning in Deep Neural Networks[EB/OL]. https://arxiv. org/ abs/1706. 05098,2017 - 1 - 15.

[165] 李本高,吴从中,许良凤,等. 基于多尺度特征融合和残差注意力机制的目标检测[J]. 计算机工程 与科学,2021,43(2):347.

[166] 张月芳,邓红霞,呼春香,等. 融合残差块注意力机制和生成对抗网络的海马体分割[J]. 山东大学 学报（工学版）,2020,50(6):76 - 81.

[167] 邓梓君. 基于深度学习的图像复原及显著性检测[D]. 广州:华南理工大学,2020.

[168] 徐志刚,闫娟娟,朱红蕾. 基于多尺度残差注意力网络的壁画图像超分辨率重建算法[J]. 激光与 光电子学进展,2020,57(16):152 - 159.

[169] 樊帆,高媛,秦品乐,等. 基于并行通道 - 空间注意力机制的腹部 MRI 影像多尺度超分辨率重建 [J]. 计算机应用,2020,40(12):3624 - 3630.

[170] 成磊,王玥,田春娜. 一种添加残差注意力机制的视觉目标跟踪算法[J]. 西安电子科技大学学报, 2020,47(06):148 - 157,163.

[171] 高隆.基于相关滤波和注意力机制的单目标视觉跟踪算法研究[D].西安:西安电子科技大学,2019.

[172] WANG F,JIANG M,QIAN C,et al. Residual Attention Network for Image Classification[C].2017 IEEE Conference on Computer Vision and Pattern Recognition (CVPR),21−26,July,2017:6450−6458.

[173] GAO L,LI Y,NING J. Residual Attention Convolutional Network for Online Visual Tracking[J]. IEEE Access,2019,7:94097−94105.

[174] CHU X,YANG W,OUYANG W,et al. Multi−context Attention for Human Pose Estimation[C].2017 IEEE Conference on Computer Vision and Pattern Recognition (CVPR),21−26,July,2017:5669−5678.

[175] WANG Q,TENG Z,XING J,et al. Learning Attentions:Residual Attentional Siamese Network for High Performance Online Visual Tracking[C]. IEEE Computer Society Conference on Computer Vision and Pattern Recognition,18−23,June,2018:4854−4863.

[176] 章苏,尹春勇.基于多任务学习的时序多模态情感分析模型[J].计算机应用,2021,41(6):1631−1639.

[177] 郭文,尹童灵,张天柱,等.时间一致性保持的多任务稀疏深度表达视觉跟踪[J].计算机科学,2021,48(6):110−117.

[178] 谢金宝,李嘉辉,康守强,等.基于循环卷积多任务学习的多领域文本分类方法[J].电子与信息学报,2021,43(8):9.

[179] KENDALL A,GAL Y,CIPOLLA R. Multi−Task Learning Using Uncertainty to Weigh Losses for Scene Geometry and Semantics[C]. Proceedings of the IEEE Conference on Computer Vision and Pattern Recognition,2018:7482−7491.

[180] CAO P,XIA W,YE M,et al. RADAR−ID:Human Identification Based on Radar Micro−Doppler Signatures Using Deep Convolutional Neural Networks[J]. IET Radar,Sonar & Navigation,2018,12(7):729−734.

[181] VANDERSMISSEN B,KNUDDE N,JALALVAND A,et al. Indoor Person Identification Using a Low−Power FMCW Radar[J]. IEEE Transactions on Geoscience and Remote Sensing,2018,56(7):3941−3952.

    行为是人们意图最直接的表现形式,对人体行为的感知与理解,构成了人体目标探测的核心环节。本书围绕超宽带雷达人体行为辨识这一具体问题,将深度学习模型与雷达领域知识相结合,多方面探究超宽带雷达的人体行为识别深度学习方法。通过异构领域迁移与特征工程设计,重点针对训练样本有限条件下的单通道超宽带雷达人体行为辨识问题展开研究,研究内容由闭集分类向开集识别进行拓展,并基于行为识别结果对人体位姿的三维估计进行初步探索。

    本书可供从事雷达目标探测、雷达智能感知的科技工作者参考,也可供对雷达智能感知及相关研究方向感兴趣的读者使用。

    Activity and behavior are the most direct manifestation of people's intentions, and the perception and understanding of human activities constitute the core of human target sensing. This book focuses on human activity/behavior recognition (HAR/ HBR) via the ultra – wideband (UWB) radar by combining deep learning models with radarknowledge. Furthermore, through heterogeneous domain transfer and feature engineering, the research on HAR/HBR with limited training samples is conducted. In addition, the research is expanded from closed set classification to open set recognition, and presents a preliminary approach to the three – dimensional estimation of human poses.

    This book is instructive for professional staff engaged in radar target detection and intelligent sensing, and it can also be used by those who are interested in radar technology and related fields.